就是要轻松：看图学电工技术

（双色版）

杨清德　周海妮　主编

机械工业出版社

本书根据国家职业标准，结合企业中级维修电工的实际工作需要，采用图表的形式，详细介绍了常用电工工具、仪表的使用方法及技巧、常用元器件、电工材料的工程应用、常用电气安装、电动机应用技能、可编程序控制器及变频器的工程应用等内容，尤其是对近几年出现的新技术、新工艺进行了重点介绍。

本书内容丰富，叙述深入浅出、主次分明，编写突出实用性、针对性和先进性，可供广大电工人员、电气工程技术人员、职业院校电类专业师生以及电工爱好者阅读参考。

图书在版编目（CIP）数据

就是要轻松：看图学电工技术：双色版/杨清德，周海妮主编. —北京：机械工业出版社，2014.8

ISBN 978-7-111-47640-5

I. ①就… II. ①杨…②周… III. ①电工技术－图解 IV. ①TM－64

中国版本图书馆 CIP 数据核字（2014）第 183887 号

机械工业出版社（北京市百万庄大街22 号 邮政编码100037）
策划编辑：付承桂 责任编辑：付承桂
版式设计：霍永明 责任校对：张玉琴
封面设计：路恩中 责任印制：李 洋
三河市国英印务有限公司印刷
2014 年 10 月第 1 版第 1 次印刷
184mm×260mm · 12.75 印张 · 281 千字
0001— 4000 册
标准书号：ISBN 978-7-111-47640-5
定价：39.90 元

凡购本书，如有缺页、倒页、脱页，由本社发行部调换
电话服务 网络服务
社服务中心:(010)88361066 教材网:http://www.cmpedu.com
销售一部:(010)68326294 机工官网:http://www.cmpbook.com
销售二部:(010)88379649 机工官博:http://weibo.com/cmp1952
读者购书热线:(010)88379203 **封面无防伪标均为盗版**

前言 Preface

随着社会的不断发展进步，越来越多的职场人已经意识到，社会对人才的评定标准和企业的用人观念正在发生颠覆性变化，从近年来技工类人才薪资不断攀高的现象就不难看出，"崇尚一技之长、不唯学历凭能力"的社会氛围正在逐步形成。许多人都想要成功，却不知道成功的道路永远只有一条，那就是不断地学习。无论是正在准备求职的你，还是已经找到了工作的你，多挤出时间看书学习，不断地"充电"，事实证明，这是助你快速提升技术水平及工作能力最有效的途径之一。基于让初学者轻轻松松学电工技术的构想，我们编写了这套丛书，首次与读者见面的有《就是要轻松：看图学电工技术（双色版）》、《就是要轻松：看图学电工识图（双色版）》和《就是要轻松：看图学家装电工技能（双色版）》3 本书。

《就是要轻松：看图学电工技术（双色版）》——以初学者学习电工技术掌握的技能为线索，主要介绍常用电工工具及材料、常用电工仪表的使用、常用电工电子技术元器件的应用、电工基本操作技能、常用电气安装、电动机应用技术、PLC 及变频器的应用等内容，让读者的综合技能水平得到快速提高。

《就是要轻松：看图学电工识图（双色版）》——以初学者学习电工技术必须掌握的识图技能为线索，主要介绍电工识图及绘图基础知识、电气照明施工识图、工厂供配电电气识图、电动机控制电气图识读、常用机床控制电气图识读，以及小区安防监控电气图识读等内容，让读者看得懂，会应用。

《就是要轻松：看图学家装电工技能（双色版）》——以初学者学习家装电工必须掌握的知识及技能为线索，主要介绍家装电气基础、常用电工工具和仪表、住宅电气规划与设计、家装电气布线施工、配电与照明装置安装、家庭网络系统构建、家庭常用电器的安装等内容，带领读者亲临正规家装公司的施工现场去见习，快速掌握实际操作技能。

本书由杨清德和周海妮主编，另外，陈东、余明飞、冉洪俊、沈文琴、杨松、李建芬、任成明、先力、周万平、胡萍、乐发明、胡世胜、崔永文、赵顺洪也参加了本书的部分编写工作。

由于编者水平有限，加之时间仓促，书中难免有错误和不妥之处，敬请广大读者批评指正。主编的电子邮箱：yqd611@163.com，来信必复。

编　者

目录 Contents

第 3 章 常用低压电器 ………………………… 52

第 4 章 常用电子元器件 ……………………… 71

第5章 电工基本技能 ·········· 108

第6章 常用电气安装 ·········· 131

第 7 章　交流电动机及应用 …………… 152

第 8 章　PLC 和变频器的应用 ……………… 172

VII

第 **1** 章

常用电工工具及材料

1.1 常用电工工具的使用

　　能够正确选用和操作电工工具，不但能提高工作效率和施工质量，而且能减轻疲劳、保证操作安全及延长工具的使用寿命。因此，必须十分重视电工工具的合理选择与正确的使用方法。

　　电工最常用工具包括试电笔、电工刀、螺丝刀[⊖]、钢丝钳、斜口钳、剥线钳、尖嘴钳等，电工日常操作，都离不开这些工具的使用。常用的电工工具一般是装在工具包或工具箱中（见图 1-1），随身携带。

常用工具随身带，安装维修真方便！

图 1-1　维修电工便携式工具包

　　⊖　螺丝刀的标准名称为螺钉旋具。因本书为科普读物，所以保留螺丝刀。

1.1.1　试电笔

1. 试电笔简介

试电笔也称测电笔，简称电笔，是一种用来检验导线、电器和电气设备的金属外壳是否带电的电工工具。

目前，电工常用试电笔有钢笔式、螺丝刀式和感应式等类型，如图1-2所示。

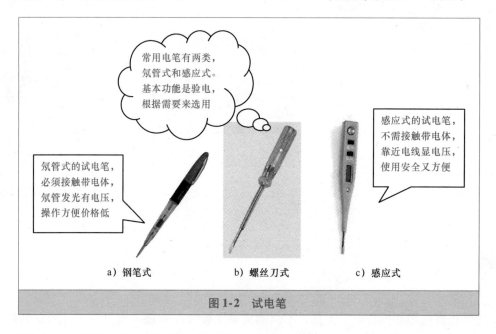

常用电笔有两类，氖管式和感应式。基本功能是验电，根据需要来选用

氖管式的试电笔，必须接触带电体，氖管发光有电压，操作方便价格低

感应式的试电笔，不需接触带电体，靠近电线显电压，使用安全又方便

a）钢笔式　　b）螺丝刀式　　c）感应式

图1-2　试电笔

笔体中有一氖管，测试时如果氖泡发光，说明导线有电，或者为通路的相（火）线。试电笔中的笔尖、笔尾为金属材料制成，笔杆为绝缘材料制成。钢笔式和螺丝刀式试电笔的结构如图1-3所示。

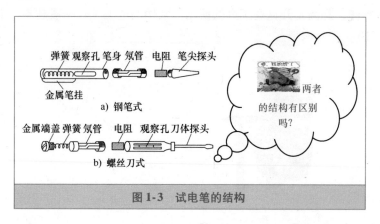

弹簧　观察孔　笔身　氖管　电阻　笔尖探头

金属笔挂

a）钢笔式

金属端盖　弹簧　氖管　电阻　观察孔　刀体探头

b）螺丝刀式

两者的结构有区别吗？

图1-3　试电笔的结构

2. 正确使用试电笔

使用钢笔式和螺丝刀式试电笔时，人手一定要接触试电笔的金属端盖或挂鼻，而绝对不能接触试电笔前端的金属部分，如图1-4所示。

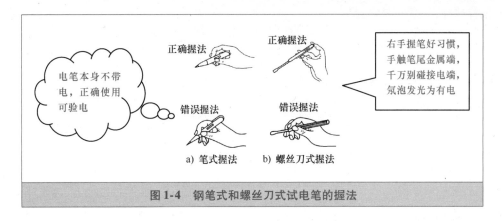

图 1-4　钢笔式和螺丝刀式试电笔的握法

使用试电笔时，要让试电笔氖管的小窗背光，以便能够看清楚所测量带电体带电时发出的红光，如图 1-5 所示。

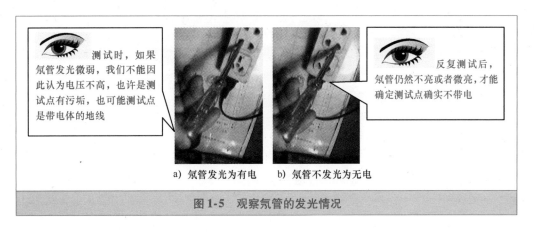

图 1-5　观察氖管的发光情况

3. 巧用试电笔

氖管式试电笔的基本用途是用来测量有无电压，区分相线与零线。下面介绍几种巧用试电笔的方法。

（1）区别交、直流电源

当测试交流电时，氖管两个极会同时发亮；而测试直流电时，氖管只有一极发光，把试电笔连接在正、负极之间，发亮的一端为电源的负极，不亮的一端为电源的正极。

> ◀ 记忆口诀 ▶
>
> **电笔区别交直流电**
> 电笔判断交直流，交流明亮直流暗。
> 交流氖管通身亮，直流氖管亮一端。

（2）估计电压的高低

有经验的电工，可凭借自己经常使用试电笔时氖管发光的强弱来估计电压的大致数值，氖管越亮，说明电压越高。

4

> ⟫记忆口诀⟨
>
> **估计电压的高低**
> 氖管明亮电压高，发光微弱电压低。
> 究竟电压有多少，凭借经验来估计。

（3）判断直流正负极

当直流电压为 110V 及以上时，可以把试电笔连接在直流电的正、负极之间，发亮的一端为电源的负极，不亮的一端为电源的正极。

氖管的前端指试电笔笔尖的一端，氖管后端指手握的一端。

> ⟫记忆口诀⟨
>
> **电笔判断直流电**
> 判断直流正负极，观察氖管要心细。
> 前端明亮是负极，后端明亮为正极。

（4）判断同相或异相电源

如图 1-6 所示，人站在完全对地绝缘的物体上，两只手各握一支试电笔（要注意握笔的要求，防止触电），当两支笔同时接触两根带电的导线时，若这两根导线属于同一相，由于电位相等，即没有电压，所以验电笔不会发光，即同相两笔都不亮；若这两根导线各属一相（即异相），由于电位不相等，存在一定的电压，所以在两支验电笔和人体串联的通路中会有电流通过，两支验电笔将同时发光。测试时，两笔亮与不亮显示一样，故只看一支则可。

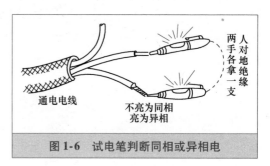

图 1-6　试电笔判断同相或异相电

> ⟫记忆口诀⟨
>
> **判断同相或异相**
> 判断两线相同异，两手各握笔一支。
> 各触一根电源线，两脚与地要绝缘。
> 用眼观看一支笔，不亮同相亮为异。

4. 使用试电笔注意事项

1）使用前，首先将试电笔在确认有电的设备上检查氖泡是否能正常发光，以确认试电笔的好坏，如图 1-7 所示。

确认电笔完好性，通过试测来判断

要点 1：目测试电笔完好，配件齐全；

要点 2：确认设备一定带电；

要点 3：握笔方法正确；

要点 4：试电笔有故障，不能使用

图 1-7 检查试电笔的好坏

2）在明亮的光线下或阳光下测试带电体时，应当注意避光，以防光线太强不易观察到氖气泡是否发亮，造成误判。

3）大多数试电笔前面的金属探头都制成小螺丝刀形状，在用它拧螺钉时，用力要轻，扭矩不可过大，以防损坏。

4）螺丝刀式试电笔刀杆较长，应加套绝缘套管，以避免测试时造成短路及触电事故，如图 1-8 所示。

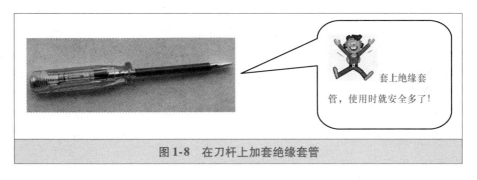

套上绝缘套管，使用时就安全多了！

图 1-8 在刀杆上加套绝缘套管

5）使用完毕，要保持试电笔清洁，并放置在干燥处，严防摔碰。

1.1.2 螺丝刀

1. 螺丝刀简介

螺丝刀习惯也称起子或改锥，标准称螺钉旋具，其用途是紧固螺钉和拆卸螺钉。常用螺丝刀有一字形和十字形，如图 1-9 所示。

螺丝刀的规格很多，其标注方法是先标杆的外直径，再标杆的长度（单位都是 mm）。如："6×100"就是表示杆的外直径为 6mm，长度为 100mm。

螺丝刀的手柄有弯柄、按摩型柄、塑胶柄、夹柄、木柄等。手柄选择，因人而异，主要体现在是否"好用"上。

作为电工，不能使用金属杆直通握柄顶部的螺丝刀，即穿心柄式螺丝刀，因为带电作业时容易触电。

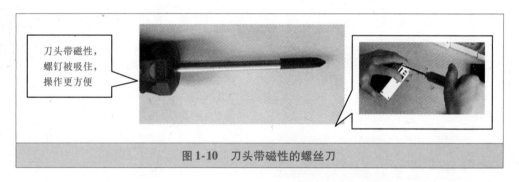

一字形螺丝刀又称为平口螺丝刀，只能与平口螺钉配合使用

螺丝刀的规格很多，可根据需要来选用

十字形螺丝刀又称为梅花螺丝刀，只能与梅花螺钉配合使用

图1-9　螺丝刀

选用刀头端部带磁性的螺丝刀，拆装螺钉时，螺钉牢牢地被螺丝刀吸住，不容易将螺钉掉在地面上，如图1-10所示。

刀头带磁性，螺钉被吸住，操作更方便

图1-10　刀头带磁性的螺丝刀

2. 螺丝刀的使用

螺丝刀的操作方法一般是用右手的掌心顶紧螺丝刀柄，利用拇指、食指和中指旋动螺丝刀柄，刀口准确插入螺钉头的凹槽中，必要时可用左手扶住螺钉柱，如图1-11a所示。

当用螺丝刀拧小螺丝时，由于所旋螺钉不需要用太大力量，握法如图1-11b所示，用右手的食指顶紧螺丝刀柄，用拇指、中指及无名指旋动螺丝刀柄拧螺钉。

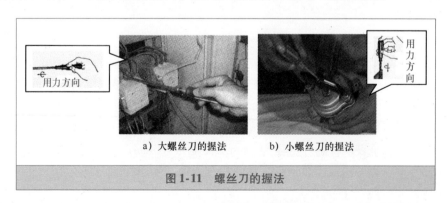

用力方向

用力方向

a）大螺丝刀的握法　　　b）小螺丝刀的握法

图1-11　螺丝刀的握法

在开始拧松或最后拧紧螺钉时，可用力将螺丝刀压紧后再用手腕力扭转螺丝刀；当螺钉松动后，即可使手心轻压螺丝刀柄，用拇指、中指和食指快速转动螺丝刀。

3. 使用螺丝刀注意事项

1）根据螺钉大小及规格选用相应尺寸的螺丝刀，否则容易损坏螺钉与螺丝刀。

2）用螺丝刀进行紧固和拆卸螺钉时，刀口要对准螺钉凹槽，推压和旋转应同时进行，力量要适度，如图 1-12 所示。刀体不要上下左右大幅度晃动，否则既损刀口，又伤凹槽，使螺钉无法顺利拧进（俗称"螺钉打滑"）。一旦螺钉槽口被损坏，就很难再将螺钉紧固或旋出。

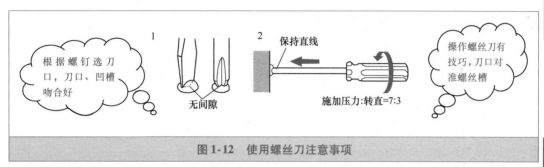

图 1-12　使用螺丝刀注意事项

3）螺丝刀手柄要保持干燥清洁，以免带电操作时发生漏电。

1.1.3　电工钳

常用的电工钳有钢丝钳、尖嘴钳、剥线钳和斜口钳。

1. 钢丝钳的使用

（1）钢丝钳简介

钢丝钳主要就是用来切断钢丝、电线，也可以用于夹持或弯折薄片形、圆柱形金属零件。

常用的钢丝钳以 6 英寸、7 英寸、8 英寸为主（1 英寸等于 25mm）。电工一般选用 7 英寸（175mm）的钢丝钳；6 英寸的钢丝钳比较小巧，剪切稍微粗点的钢丝比较费力。

（2）钢丝钳的使用

钢丝钳的使用见表 1-1。

表 1-1　钢丝钳的使用

序　号	部　位	功　能	图　示
1	钳口	用来弯绞或钳夹导线线头	
2	齿口	用来旋动螺母	

（续）

序　号	部　位	功　能	图　示
3	刀口	用来剪切导线或剖切软导线绝缘层	
4	铡口	用来铡切较硬的线材	

（3）使用钢丝钳注意事项

1）在使用钢丝钳之前，必须检查绝缘柄的绝缘是否完好，绝缘如果损坏，进行带电作业时非常危险，会发生触电事故。

2）用钢丝钳剪切带电导线时，切勿用刀口同时剪切火线和零线，以免发生短路故障。

3）带电工作时，手与钢丝钳的金属部分保持 2cm 以上的距离。同时要注意钳头金属部分与带电体的安全距离。

2. 尖嘴钳

尖嘴钳是电工（特别是内线电工）最常用的工具之一，其材质一般由 45#钢制作，类别为中碳钢。尖嘴钳的规格以全长表示，有 130 mm、160mm、180mm 和 200mm 四种。

使用时一般用右手操作，握住尖嘴钳的两个手柄，开始夹持或剪切工作，如图 1-13 所示。

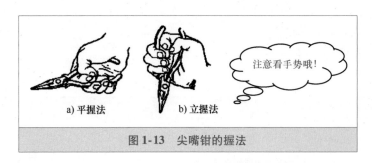

a) 平握法　　b) 立握法

注意看手势哦！

图 1-13　尖嘴钳的握法

尖嘴钳的头部尖细，主要用来在狭小的空间夹持较小的螺钉、垫圈、导线及将单股导线接头弯圈，如灯座、开关内的线头固定等；还可用于元器件引线的成形，以及在焊点上网绕导线和元器件的引线等；有时也可以用用来切断截面积较小的电线，或用于剥导线的塑料绝缘层。

尖嘴钳的基本使用方法见表 1-2。

表 1-2 尖嘴钳的基本使用方法

用 途	图 示	用 途	图 示
辅助拆卸螺钉		制作接线鼻	
剥削软导线绝缘层	软线在左手绕一圈	导线连接时紧线	
剪断截面较小的导线		松紧小螺母	

3. 剥线钳

（1）剥线钳简介

剥线钳是专供电工剥除电线头部的表面绝缘层用的专用工具。其钳头部分由压线口和切口构成，分为 0.5~3mm 的多个直径切口，以适应不同导线的线径要求。

剥线钳一般用来剥削截面积为 **6mm²** 以下的塑料或橡胶绝缘导线的绝缘层。

（2）剥线钳的使用

1）根据导线的截面积的大小，**选择剥线刀口的相应尺寸**，如图 1-14 所示。

刀口大小选择应合适。切口过大难以剥离绝缘层，切口过小会切断芯线

图 1-14 根据导线规格选择剥线刀口

2）将准备好的导线放在剥线钳的刀刃中间，**要留足剥线的长度**，如图 1-15 所示。

预留线头的长度应足够

图 1-15 预留剥线的长度

3）握住剥线钳的手柄，将导线夹住，缓缓用力使导线外表皮慢慢剥落，如图 1-16 所示。

图 1-16 握住剥线钳的手柄剥线

4）松开工具手柄，取出导线，这时**导线金属芯线整齐露出外面，其余绝缘塑料完好无损**，如图 1-17 所示。

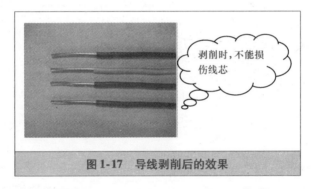

图 1-17 导线剥削后的效果

（3）使用剥线钳注意事项

1）带电操作时，要首先检查剥线钳的柄部绝缘是否良好，以防止触电。

2）不同线径的导线要放在剥线钳不同直径的刃口上。

4. 斜口钳

（1）斜口钳的主要用途

斜口钳主要用来剪切导线（如剪切印制电路板插装元器件后过长的引线），也可以用来代替一般剪刀剪切绝缘套管、尼龙扎线卡等，如图 1-18 所示。

图 1-18 斜口钳的使用

（2）使用斜口钳注意事项

斜口钳不可以用来剪切钢丝、钢丝绳和过粗的铜导线和铁丝，否则容易导致钳子损坏。

1.1.4　电工刀

1. 电工刀简介

在安装维修中，电工刀用于切削导线的绝缘层、电缆绝缘、木槽板等。

常用电工刀有普通型和多功能型，如图 1-19 所示。普通电工刀由刀片、刀刃、刀把、刀挂等构成；多功能电工刀除了刀片以外，有的还带有尺子、锯子、剪子和开啤酒瓶盖的开瓶扳手等工具。

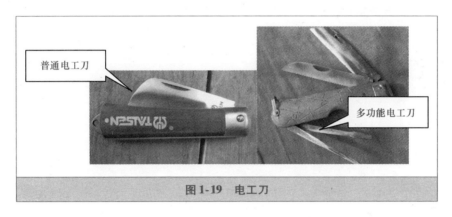

普通电工刀

多功能电工刀

图 1-19　电工刀

电工刀的规格有大号、小号之分；大号刀片长 112mm，小号刀片长 88mm。

2. 电工刀的使用

电工刀的一般操作方法如图 1-20 所示（以剖削导线绝缘层为例）。

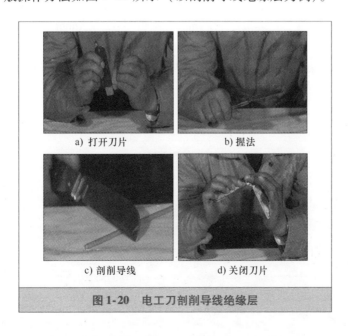

a) 打开刀片　　　　　b) 握法

c) 剖削导线　　　　　d) 关闭刀片

图 1-20　电工刀剖削导线绝缘层

3. 使用电工刀注意事项

1）使用时，刀口要朝外进行操作。

2）削割电线包皮时，刀口要放平一点，以免割伤线芯。

3）使用后，要及时把刀身折入刀柄内，以免刀刃受损或危及人身、割破皮肤。

4）一般情况下，不允许用锤子敲打刀背的方法来剖削木桩等物品。

1.1.5 扳手

安装维修时，电工常用的扳手有活扳手、呆扳手和套筒扳手。

1. 活扳手

（1）活扳手简介

活扳手曾称为活络扳手，是用来紧固和起松螺母的一种专用工具。活扳手由头部和柄部两大部分组成。头部由活扳唇、呆扳唇、扳口、蜗轮和轴销等构成，如图 1-21 所示。

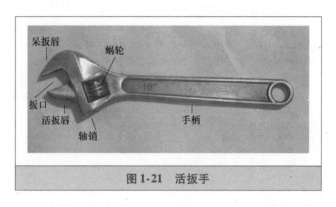

图 1-21　活扳手

活扳手的规格以长度最大开口宽度（单位为 mm）来表示，电工常用的活扳手有 150mm × 19mm（6 英寸）、200mm × 24mm（8 英寸）、250mm × 30mm（10 英寸）和 300mm × 36mm（12 英寸）四种规格。

（2）活扳手的使用

1）旋动蜗轮可调节扳口大小，使用时应根据螺母的大小来调节扳口的宽度，如图 1-22 所示。

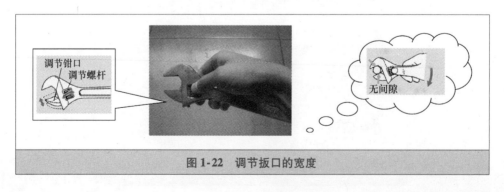

图 1-22　调节扳口的宽度

2）扳动大螺母时，常用较大的力矩，手应握在近柄尾处，手越靠后，扳动起来越省力。

3）扳动小螺母时，因需要不断地转动蜗轮，调节扳口的大小，所以手要握在靠近呆扳唇处，并用大拇指调制蜗轮，以适应螺母的大小。

（3）使用活扳手的注意事项

1）活扳手的扳口夹持螺母时，呆扳唇在上，活扳唇在下。活扳手切不可反过来使用，以免损坏活扳唇，如图 1-23 所示。

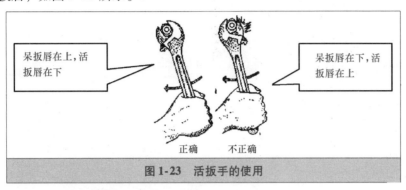

图 1-23　活扳手的使用

2）不得把活扳手当锤子用。

3）不可用钢管接长的方法来施加较大的扳拧力矩。

2. 呆扳手

（1）呆扳手简介

呆扳手曾称为开口扳手或死扳手，呆扳手的开口宽度是固定的，有单端开口和两端开口两种形式，分别称为单头扳手和双头扳手，如图 1-24 所示。

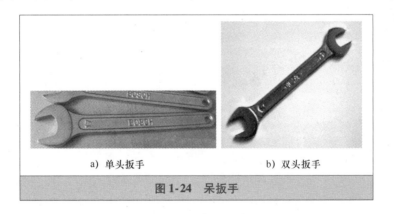

a）单头扳手　　　　　　　b）双头扳手

图 1-24　呆扳手

呆扳手的开口的中心平面和本体中心平面成 15°角，这样既能适应人手的操作方向，又可降低对操作空间的要求。单头扳手的规格是以开口宽度表示，双头扳手的规格是以两端开口宽度（单位：mm）表示，如 8×10、32×36 等。

（2）呆扳手的使用

呆扳手的使用方法如图 1-25 所示。

3. 套筒扳手

套筒扳手简称套筒，是由一套尺寸不等的梅花筒和和一些附件组成，如图 1-26 所示。

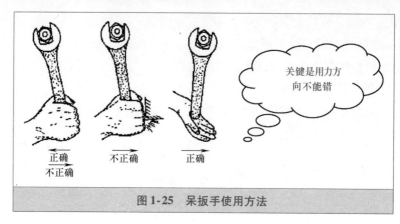

图 1-25　呆扳手使用方法

a）三叉套筒　　　　　　b）组合套筒

图 1-26　套筒扳手

套筒扳手适用于一般扳手难以接近螺钉和螺母的场合，专门用于扳拧六角螺帽的螺纹紧固件。使用时，用弓形的手柄连续转动，工作效率较高。

套筒扳手一般都附有一套各种规格的套筒头，以及摆手柄、接杆、万向接头、旋具接头、弯头手柄等，用来套入六角螺帽。

1.1.6　常用电工工具维护与保养常识

对常用电工工具的最基本要求是安全、绝缘良好、活动部分应灵活。基于这一最基本要求，平时要注意维护和保养好电工工具，下面予以简单说明。

1）常用电工工具要保持清洁、干燥。

2）若电工工具的绝缘套管有破损应及时更换，不得勉强使用。

3）对钢丝钳、尖嘴钳、剥线钳等工具的活动部分要经常加油，防止生锈。

4）电工刀使用完毕，要及时把刀身折入刀柄内，以免刀口受损或危及人身安全。

5）手锤的木柄不能有松动，以免锤击时影响落锤点或锤头脱落。

1.2　常用电动工具的使用

1.2.1　常用电动工具使用方法

电工在从事安装作业时，常用的电动工具主要有手电钻、电锤和电动螺丝刀，其使用方法见表1-3。

表 1-3 电工常用电动工具的使用

名　称	图　示	用　途	使 用 说 明
手电钻		用于在工件上钻孔	在装钻头时要注意钻头与钻夹保持在同一轴线，以防钻头在转动时来回摆动。在使用过程中，钻头应垂直于被钻物体，用力要均匀。当钻头被被钻物体卡住时，应立即停止钻孔，检查钻头是否卡得过松，重新紧固钻头后再使用。钻头在钻金属孔过程中，若温度过高，很可能引起钻头退火，为此，在钻孔时要适量加些润滑油
电锤		在墙上冲打孔眼	电锤使用前应先通电空转一会儿，检查转动部分是否灵活，待检查电锤无故障时方能使用；工作时应先将钻头顶在工作面上，然后再起动开关，尽可能避免空打孔；在钻孔过程中，发现电锤不转时应立即松开开关，检查出原因后再起动电锤。用电锤在墙上钻孔时，应先了解墙内有无电源线，以免钻破电线发生触电。在混凝土中钻孔时，应注意避开钢筋
电动螺丝刀		用于拧紧和旋松螺钉	根据需要正确选择大小合适的螺丝刀头（一字型或十字型），操作时将螺丝刀拿直，螺丝刀头紧贴螺丝头缺口进行操作。注意不能有歪斜、晃动，否则螺丝会锁不紧、滑丝、打爆、螺丝头花等不良现象

记忆口诀

电动工具的使用

钻头选用专用型，孔径大小应匹配。

手中工具要拿稳，对准位置再打孔。

电动工具勤保养，绝缘检查最重要。

1.2.2　常用电动工具使用注意事项

使用手电钻、电锤等手动电动工具时应注意以下几点：

1）使用前首先要检查电源线的绝缘是否良好，如果导线有破损，可用胶布包好。最好使用三芯橡皮软线，并将电动工具的外壳接地。

2）检查电动工具的额定电压与电源电压是否一致，开关是否灵活可靠。

3）电动工具接入电源后，**要用电笔测试外壳是否带电**，确定不带电后方能使用。操作过程中若需接触电动工具的金属外壳时，应戴绝缘手套，穿电工绝缘鞋，并站在绝缘

15

板上。

4）拆装钻头时要用专用钥匙，切勿用螺丝刀和手锤敲击电钻夹头。

5）装钻头时要注意，钻头与钻夹应保持同一轴线，以防钻头在转动时来回摆动。

6）在使用过程中，如果**发现声音异常，应立即停止钻孔**，如果因连续工作时间过长，电动工具发烫，要立即停止工作，让其自然冷却，切勿用水淋浇。

7）钻孔完毕，应将导线绕在手动电动工具上，并放置在干燥处以备下次使用。

1.3 外线电工专用工具的使用

外线电工操作的专用工具主要有脚扣、蹬板、梯子、紧线器等，其使用方法及注意事项见表1-4。

表1-4　外线电工专用工具的使用

名　称	图　示	用　途	使用及注意事项
脚扣		用于攀登电力杆塔	使用前，必须检查弧形扣环部分有无破裂、腐蚀，脚扣皮带有无损坏，若已损坏应立即修理或更换。不得用绳子或电线代替脚扣皮带。在登杆前，对脚扣要做人体冲击试验，同时应检查脚扣皮带是否牢固可靠
蹬板		用于攀登电力杆塔	使用前，应检查外观有无裂纹、腐蚀，并经人体冲击试验合格后再使用；登高作业动作要稳，操作姿势要正确，禁止随意从杆上向下扔蹬板；每年对蹬板绳子做一次静拉力试验，合格后方能使用
梯子		用于室内外登高作业	梯子有人字梯和直梯。使用方法比较简单，梯子要安稳，注意防滑；同时，梯子安放位置与带电体应保持足够的安全距离
腰带、保险绳、腰绳		是电工高空操作必备的安全保护辅助用具	腰带用来系挂保险绳。腰绳应系结在臀部上端，而不是系在腰间。否则，操作时既不灵活又容易扭伤腰部。保险绳用来防止万一失足时坠地摔伤。其一端应可靠地系结在腰带上，另一端用保险钩钩挂在牢固的横担或抱箍上。腰绳用来固定人体下部，以扩大上身活动幅度，使用时应将其系结在电杆的横担或抱箍下方，要防止腰绳窜出电杆顶端而造成工伤事故

（续）

名　称	图　示	用　途	使用及注意事项
紧线器		在架空线路中用来拉紧电线的工具	使用时，将镀锌钢丝绳绕于右端滑轮上，挂置于横担或其他固定部位，用另一端的夹头夹住电线，摇柄转动滑轮，使钢丝绳逐渐卷入轮内，电线被拉紧而收缩至适当的程度
高压验电器		用于测试电压高于 500V 以上的电气设备	使用时，要戴上绝缘手套，手握部位不得超过保护环；逐渐靠近被测体，看氖管是否发光，若氖管一直不亮，则说明被测对象不带电；在使用高压验电器测试时，至少应该有一个人在现场监护
绝缘操作杆		主要用于操作高压隔离开关和跌落式熔断器的分合、安装，拆除临时接地线、放电操作、处理带电体上的异物，以及进行高压测量、试验、直接与带电体接触的操作等各项作业	1）在使用前应进行外观检查，表面应无裂纹、划痕、毛刺、孔洞、断裂及机械损伤，并用干净的棉布将操作杆擦拭干净 2）使用时，必须戴上相应电压等级的绝缘手套，穿上相应电压等级的绝缘靴，必要时还要站在绝缘垫上进行操作，有时也可以戴上护目镜 3）电压等级低的绝缘操作杆不能操作高一级电压的电器，但能操作低一级的。使用绝缘操作杆时应有专人监护 4）绝缘操作杆用完后，应放置在便于取用的地方，并应注意防潮；应垂直存放，放在木架上或吊挂在室内，不能接触墙壁，以免受潮破坏绝缘 5）雨雪天气操作室外高压电器时，绝缘杆上应装有防雨雪的伞形罩
弯管器		用于管路配线时将管路弯曲成型	弯管器由钢管手柄和铸铁弯头组成，其结构简单、体积小、操作方便，便于现场使用，适于手工弯曲直径在 50mm 及以下的线管，可将管子弯成各种角度。弯管时先将管子要弯曲部分的前缘送入弯管器工作部分，如果是焊管，应将焊缝置于弯曲方向的侧面，否则弯曲时容易造成从焊缝处裂口。然后操作者用脚踏住管子，手适当用力来扳动弯管器手柄，使管子稍有弯曲，再逐点移动弯头，每移动一个位置，扳弯一个弧度，最后将管子弯成所需要的形状

17

（续）

名　　称	图　示	用　途	使用及注意事项
绝缘钳		用来安装和拆卸高压熔断器或执行其他类似工作的工具，主要用于35kV及以下电力系统	1）绝缘钳适用于一人操作使用 2）使用时，不能在绝缘钳上装设接地线，以免接地线在空中飞舞造成接地短路或人身触电事故 3）在潮湿的雨雪天气情况下使用时，应使用专门的防雨绝缘钳 4）操作中要佩戴护目镜、绝缘手套，穿绝缘靴或站在绝缘台上，集中精神；注意保持身体平衡，握紧绝缘夹，不能使夹持物滑脱落下 5）绝缘钳使用完毕后，应保存在专用的箱子里或匣子里，以免受潮和碰损 6）绝缘夹钳应定期进行试验，试验方法同绝缘棒，试验周期为一年
临时接地线		检修、试验时为了人身设备安全做的临时性接地装置	1）在停电设备与可能送电至停电设备的带电设备之间，或者在可能产生感应电动势的停电设备上，都要装设接地线。接地线与带电部分的距离应符合安全距离的要求，防止因摆动发生带电部分与接地线放电的事故 2）若检修设备为几个电气上不相连的部分（如分段母线以隔离开关或断路器分段），则各部分均应装接地线 3）接地线应挂在工作人员看得见的地方，但不得挂设在工作人员的跟前，以防突然来电时烧伤工作人员

1.4　焊接工具的使用

电工常用的焊接工具有电烙铁和喷灯，其使用方法及注意事项见表1-5。

表1-5　电工常用焊接工具的使用

名　　称	图　示	用　途	使用及注意事项
电烙铁		把电能转换成热能对焊接点部位进行加热焊接，一般用于电路元器件及线路接头焊接	电工常用的小功率和大功率外热式电烙铁。电烙铁手工焊接过程一般可分为5个步骤：准备焊接→加热被焊件→熔化焊料→移开焊锡丝→移开烙铁 　　小功率电烙铁常用握笔法，大功率电烙铁常用反握法。电烙铁使用前要上锡，当烙铁头上有黑色氧化层时，可在吸水海绵上擦去氧化物，并立即上锡；电烙铁不宜长时间通电而不使用，这样容易使烙铁芯加速氧化而烧断，缩短其寿命，同时也会使烙铁头因长时间加热而氧化，甚至被"烧死"不再"吃锡"；电烙铁通电后不能任意敲击、拆卸或安装其电热部分零件

（续）

名　称	图　示	用　途	使用及注意事项
喷灯		一般用于电缆头封端制作	电工常用喷灯有汽油喷灯和煤油喷灯 　在使用喷灯前，应仔细检查油桶是否漏油，喷嘴是否堵塞、漏气等。根据喷灯所规定使用的燃料油的种类，加注相应的燃料油，其油量不得超过油桶容量的3/4，加油后应拧紧加油处的螺塞。喷灯点火时，喷嘴前严禁站人，且工作场所不得有易燃物品。点火时，在点火碗内加入适量燃料油，用火点燃，待喷嘴烧热后，再慢慢打开进油阀；打气加压时，应先关闭进油阀。同时，注意火焰与带电体之间要保持一定的安全距离

19

＝记忆口诀＝

焊接工具的使用

直梯登高要防滑，人字梯要防张开。
脚扣蹬板登电杆，手脚配合应协调。
紧线器，紧电线，慢慢收紧勿滑线。
喷灯虽小温度高，能熔电缆的铅包。
电烙铁焊元器件，根据需要选规格。
冲击钻头是专用，孔径大小应匹配。

1.5 定位及测量工具的使用

　　电工常用的定位测量工具有钢尺、角尺、划线规、吊线垂、水平尺等，其作用见表1-6。我们在安装电气线路、灯具、开关、插座及其他设备时，常常利用这些工具来对线路、器件或设备进行准确定位，如图1-27所示。

表1-6　定位及测量工具

工　具	主要作用
钢卷尺	主要用于对室内管线路径及电气设备安装点的上下左右距离的测量
角尺	主要用于对开关、插座、方形灯具等安装方位的定位
划线规	主要用于安装筒灯、射灯、圆形吸顶灯时在吊顶上划线定位
吊线垂	主要用于安装灯具、开关、插座等设备时校正其与地面的垂直度
水平尺	主要用于安装在一起的成排的开关插座高度一致性的定位检查

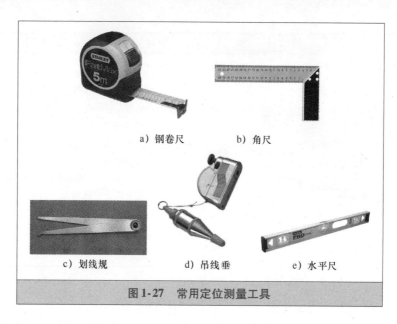

a) 钢卷尺   b) 角尺

c) 划线规   d) 吊线垂   e) 水平尺

图1-27 常用定位测量工具

上述定位测量工具的使用方法比较简单，本书不做详细说明。

1.6 常用电工材料及其应用

1.6.1 电线电缆及其应用

1. 电线和电缆

电线和电缆在概念上并没有严格的界限，如图1-28所示。

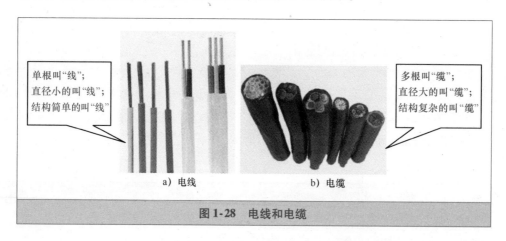

单根叫"线"；
直径小的叫"线"；
结构简单的叫"线"

多根叫"缆"；
直径大的叫"缆"；
结构复杂的叫"缆"

a) 电线   b) 电缆

图1-28 电线和电缆

电线是由一根或几根柔软的导线组成，外面包以轻软的护层；电缆是由一根或几根绝缘包导线组成，外面再包以金属或橡皮制的坚韧外层。电力电缆的结构如图1-29所示。

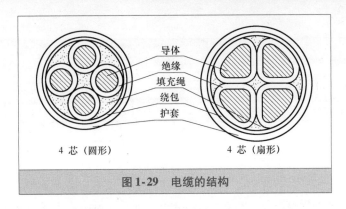

图 1-29　电缆的结构

在日常习惯上，人们把家用室内布线叫做电线，把电力电缆简称电缆。

2. 电线电缆选用的一般原则

电线电缆作为电力传输的主要载体，广泛应用于电气装备、照明线路、家用电器等方面。在选用电线电缆时，一般要注意电线电缆型号/类型、规格/导体截面积的选择。

（1）电线电缆型号/类型的选择

选用电线电缆型号/类型时，要考虑用途、敷设条件及安全性，见表 1-7。

表 1-7　电线电缆型号/类型的选择

考 虑 因 素	可选用型号/类型
根据用途的不同	电力电缆、架空绝缘电缆、控制电缆等
根据敷设条件的不同	一般塑料绝缘电缆、钢带铠装电缆、钢丝铠装电缆、防腐电缆等
根据安全性要求	不延燃电缆、阻燃电缆、无卤阻燃电缆、耐火电缆等

（2）电线电缆规格的选择

确定电线电缆的使用规格（导体截面积）时，一般应考虑发热、电压损失、经济电流密度、机械强度等选择条件。一般电线电缆规格/截面积的选用参见表 1-8。

表 1-8　电线电缆规格/截面积的选用

导体截面积 /mm²	铜芯聚氯乙烯绝缘电缆 环境温度 25℃，架空敷设		铜芯聚氯乙烯绝缘电缆 环境温度 25℃，直埋敷设		钢芯铝绞线 环境温度 30℃，架空敷设	
	允许载流量/A	容量/kW	允许载流量/A	容量/kW	允许载流量/A	容量/kW
1.0	17	10				
1.5	21	12				
2.5	28	16				
4	37	21	38	21		
6	48	27	47	27		
10	65	36	65	36		
16	91	59	84	47	97	54
25	120	67	110	61	124	69
35	147	82	130	75	150	84
50	187	105	155	89	195	109
70	230	129	195	109	242	135

（续）

导体截面积 /mm²	铜芯聚氯乙烯绝缘电缆 环境温度25℃，架空敷设		铜芯聚氯乙烯绝缘电缆 环境温度25℃，直埋敷设		钢芯铝绞线 环境温度30℃，架空敷设	
	允许载流量/A	容量/kW	允许载流量/A	容量/kW	允许载流量/A	容量/kW
95	282	158	230	125	295	165
120	324	181	260	143	335	187
150	371	208	300	161	393	220
185	423	237	335	187	450	252
240			390	220	540	302
300			435	243	630	352

记忆口诀

电缆的选择

选择电缆的原则，综合考虑来权衡。

电压等级要符合，过大过小均不可。

使用环境很重要，电缆也怕温度高。

机械强度应足够，电流密度合要求。

【指点迷津】

1）低压动力线因其负荷电流较大，故一般先按发热条件选择截面，然后验算其电压损失和机械强度；

2）低压照明线因其对电压水平要求较高，可先按允许电压损失条件选择截面，再验算发热条件和机械强度；

3）对高压线路，则先按经济电流密度选择截面，然后验算其发热条件和允许电压损失；而高压架空线路，还应验算其机械强度。

3. 导线截流量的估算

记忆口诀

导线截流量的估算

10下五，100上二；

25、35四、三界；

70、95两倍半；

穿管温度八、九折；

铜线升级算；裸线加一半。

该口诀以铝芯绝缘导线明敷、环境温度为25℃的条件为计算标准，对各种截面积导线的载流量（A）用"截面积（mm）乘以一定的倍数"来表示。

首先，要熟悉导线芯线截面积排列，把口诀的截面积与倍数关系排列起来，表示为

$$\underset{\text{五倍}}{\cdots\cdots 10} \qquad \underset{\text{四倍}}{16\sim 25} \qquad \underset{\text{三倍}}{35\sim 50} \qquad \underset{\text{二倍半}}{70\sim 95} \qquad \underset{\text{二倍}}{100\cdots\cdots\text{以上}}$$

其次，口诀中的"穿管、温度，八、九折"，是指导线不明敷，温度超过25℃较多时才予以考虑。若两种条件都已改变，则载流量应打八折后再打九折，或者简单地一次以七折计算（即 $0.8 \times 0.9 = 0.72$）。

第三，口诀中的"裸线加一半"是指按一般计算得出的载流量再加一半（即乘以1.5）；口诀中的"铜线升级算"是指将铜线的截面积按截面积排列顺序提升一级，然后再按相应的铝线条件计算。

【知识窗】

电线平方数及直径的换算：

电缆大小也用平方标称，多股线就是每根导线截面积之和。电线的平方实际上是电线圆形横截面的面积，单位为平方毫米。

知道电线的平方，计算电线的半径用求圆形面积的公式计算：

$$\text{电线平方数}(\text{mm}^2) = 3.14(\text{圆周率}) \times \text{电线半径}(\text{mm})\text{的平方}$$

如果计算出了电线半径，计算线直径时则用电线半径乘以2，就是电线的直径。

4. 辨别劣质绝缘电线的方法

劣质电线有很大的危害。一些劣质电线的绝缘层采用回收塑料制成，轻轻一剥就能将绝缘层剥开，这样极易造成绝缘层被电流击穿漏电，对使用者的生命安全造成极大威胁。使用这种产品时，很容易引发电气火灾。

记忆口诀

劣质绝缘电线的辨别

细看标签印刷样，字迹模糊址不详。

用手捻搓绝缘皮，掉色掉字差质量。

再用指甲划掐线，划下掉皮线一般。

反复折弯绝缘线，三至四次就折断。

用火点燃线绝缘，离开明火线自燃。

线芯常用铝和铜，颜色变暗光泽轻。

细量内径和外径，秤称质量看皮厚。

1.6.2　绝缘材料及其应用

1. 绝缘材料的作用

具有高电阻率、能够隔离相邻导体或防止导体间发生接触的材料称为绝缘材料，又称

电介质。绝缘材料是电气工程中用途最广、用量最大、品种最多的一类电工材料。

绝缘材料主要用来隔离电位不同的导体，如隔离变压器绕阻与铁心，或者隔离高、低压绕组，或者隔离导体以保证人身安全。在某些情况下，绝缘材料还能起**支承固定**（如在接触器中）、**灭弧**（如断路器中）、**防潮、防霉及保护导体**（如在线圈中）等作用，如图 1-30 所示。

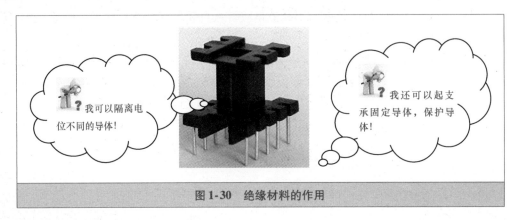

图 1-30　绝缘材料的作用

2. 绝缘材料的种类

绝缘材料按物质形态可分为无机绝缘材料、有机绝缘材料和混合绝缘材料三种类型。常用绝缘材料的类型及主要用途见表 1-9。

表 1-9　常见绝缘材料的类型及用途

类　　型	材　　料	主 要 用 途
无机绝缘材料	云母、石棉、大理石、瓷器、玻璃、硫磺等	电动机、电器的绕组绝缘，开关的底板和绝缘子等
有机绝缘材料	虫胶、树脂、橡胶、棉纱、纸、麻、人造丝等	制造绝缘漆，还可以作为绕组导线的被覆绝缘物
混合绝缘材料	由无机绝缘材料和有机绝缘材料两种材料经过加工制成的各种绝缘成型件	制造电器的底座、外壳等

3. 常用绝缘材料的耐热等级及其极限温度

不同绝缘材料的耐热温度不同，一般可分为七个等级，从低到高分别是 Y、A、E、B、F、H、C 级。常用绝缘材料的耐热等级及其极限温度见表 1-10。

表 1-10　常用绝缘材料的耐热等级及其极限温度

数字代号	耐热等级	极限温度/℃	相当于该耐热等级的绝缘材料简述
0	Y	90	用未浸渍过的棉纱、丝及纸等材料或其混合物所组成的绝缘结构
1	A	105	用浸渍过的或浸在液体电介质（如变压器油）中的棉纱、丝及纸等材料或其混合物所组成的绝缘结构

（续）

数字代号	耐热等级	极限温度/℃	相当于该耐热等级的绝缘材料简述
2	E	120	用合成有机薄膜、合成有机瓷器等材料的混合物所组成的绝缘结构
3	B	130	用合适的树脂粘合或浸渍、涂覆后的云母、玻璃纤维、石棉等，以及其他无机材料、合适的有机材料或其混合物所组成的绝缘结构
4	F	155	用合适的树脂粘合或浸渍、涂覆后的云母、玻璃纤维、石棉等，以及其他无机材料、合适的有机材料或其混合物所组成的绝缘结构
5	H	180	用合适的树脂（如有机硅树脂）粘合或浸渍、涂覆后的云母、玻璃纤维、石棉等材料或其混合物所组成的绝缘结构
6	C	>180	用合适的树脂粘合或浸渍、涂覆后的云母、玻璃纤维、以及未经浸渍处理的云母、陶瓷、石英等材料或其混合物所组成的绝缘结构

4. 常用绝缘材料的绝缘耐压强度（见表 1-11）

表 1-11　常用绝缘材料的绝缘耐压强度

材 料 名 称	绝缘耐压强度/(kV/cm)	材 料 名 称	绝缘耐压强度/(kV/cm)
干木材	0.36~0.80	电木	10~30
石棉板	1.2~2	石蜡	16~30
空气	3~4	绝缘布	10~54
纸	5~7	白云母	15~18
玻璃	5~10	硬橡胶	20~38
纤维板	5~10	油漆	干 100，湿 25
瓷	8~25	矿物油	25~57

【重要提醒】

绝缘材料的种类很多，要了解常用的各种绝缘材料的主要特性、用途和加工工艺，在具体选材时应尽可能结合生产实际，查阅有关技术资料，不但要进行技术性比较，还要进行经济性比较，以便**正确合理地选择价廉物美的绝缘材料**。

掌握常用绝缘材料的使用方法对安全生产至关重要。

5. 绝缘材料的选用

选用绝缘材料时应综合考虑的几个要素见表 1-12。

表 1-12　选用绝缘材料时应综合考虑的要素

序 号	要 素	说 明
1	特性和用途	选用时，首先要熟悉各种绝缘材料的型号、组成及其特性和用途，这是选用绝缘材料的基础
2	使用范围和环境条件	要明确绝缘材料的使用范围和环境条件，了解被绝缘物件的性能要求，如绝缘、抗电弧、耐热等级、耐腐蚀性能，以便正确使用

（续）

序　号	要　素	说　明
3	产品之间的配套性	注意各种相关材料之间的配套性，即各相关材料选用同一绝缘耐热等级的产品，以免因"木桶效应"而造成浪费
4	经济效益	可用低档的就不用高档的，可用一般的就不要用特殊的，但同时要将当前与长远效益结合
5	施工条件	充分考虑材料的施工要求和自身的施工条件

【重要提醒】

由于热、电、光、氧等多因素作用会导致材料绝缘性能丧失，即绝缘材料的老化。受环境影响是主要的老化形式。因此，工程上对工作环境恶劣而又要求耐久使用的绝缘材料均须采取防老化措施。

第**2**章

第**2**章

电工仪表的使用

2.1　万用表

2.1.1　万用表简介

1. 万用表的功能

万用表可以用来测量电流、电压、电阻，这是最基本的功能。任何型号的万用表都具备这些基本功能。

为了满足测量的多种需求，在基本功能的基础上，通过改进万用表内部电路或增加新电路，使其又增加了许多派生功能，例如测量温度、电容、二极管、晶体管等功能。高档数字万用表还增设了一些**特殊测试功能**，例如记录功能、保持功能、自动极性显示功能等。

2. 指针式万用表与数字式万用表

万用表按照显示方式，可分为指针式和数字式两大类，如图 2-1 所示。目前，这两种类型的万用表均有很多种型号。

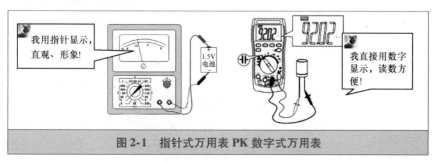

图 2-1　指针式万用表 PK 数字式万用表

【重要提醒】

数字式万用表和指针式万用表的比较见表2-1。

表2-1　数字式万用表和指针式万用表的比较

比 较 项	指针式万用表	数字式万用表
测量值显示	表针的指向位置	液晶显示屏显示数字
读数情况	很直观、形象（读数值与指针摆动角度密切相关）	间隔0.3s左右数字有变化，读数不太方便
万用表用于电压测量时的内阻	内阻较小	内阻较大
使用与维护	结构简单、成本较低、功能较少、维护简单、过电流和过电压能力较强，损坏后维修容易	内部结构多采用集成电路，因此过载能力较差，损坏后一般不容易修复
输出电压	输出电压较高，电流也较大，可方便测试晶闸管、发光二极管等元器件	输出电压较低（通常不超过1V），对于一些电压特性特殊的元器件测试不便（如晶闸管、发光二极管等）
量程	手动量程，档位相对较少	量程多，很多数字式万用表具有自动量程功能
抗电磁干扰能力	差	强
测量范围	较小	较大
准确度	相对较低	高
对电池的依赖性	电阻量程必须要有表内电池	各个量程必须要有表内电池
重量	相对较重	相对轻
价格	价格差别不太大	

2.1.2　指针式万用表的使用

1. 测量电阻

万用表测量电阻的一般步骤：**一看、二调零、三试、四测、五复位**，具体说明见表2-2。

表2-2　测量电阻的步骤

步　骤	说　明	图　示
一看	看表笔连接是否正确（红表笔接"+"，黑表笔接"－"），档位选择在电阻档。如有错误应立即改正	
二调零	**每次改变档位后都必须进行欧姆调零操作。** 如果指针不能调到零位，说明电池电压不足或仪表内部有问题	方法：1）将红黑表笔短接 2）调节欧姆零位调节旋钮 3）让指针准确指在零欧姆的位置

（续）

步　骤	说　明	图　示
三试	在测量前用表笔短时间接触被测电阻器，观察指针偏摆幅度。一般情况下，应使指针指在刻度尺的1/3～2/3间。如果偏摆幅度过大或过小，不便于读数，则应重新选择档位（倍率）	
四测	在前面三个步骤都正常的基础上，可进行测量，待指针稳定后再读数	
五复位	在测量完毕，放下表笔，把转换开关拨至测交流电压档的最高档位，避免在下次使用时忘看档位而烧表	

记忆口诀

测 量 电 阻

一看——拿起表笔看档位；

二调零——测量电阻先调零；

三试——试测电阻选档位；

四测——测量稳定记读数；

五复位——放下表笔再复位。

2. 测量交流电压

使用万用表测量交流电压的五个步骤：一看、二扳、三试、四测、五复位。下面以万用表测量220V交流电压来说明操作五步骤的应用，见表2-3。

表2-3　万用表测量交流电压操作步骤

步　骤	说　明	图　示
一看	看表笔连接是否正确，档位选择是否在交流电压档。如有错误应立即改正	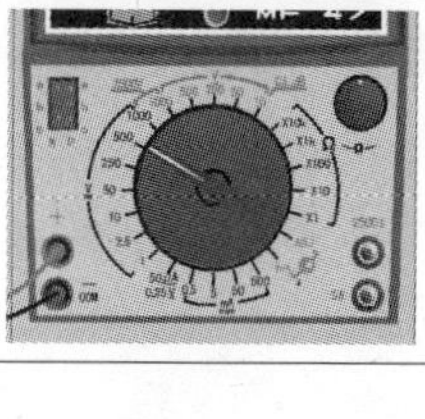

（续）

步　骤	说　明	图　示
二扳	把转换开关扳到合适的量程位置（例如 AC 250V 档）	
三试	在测量前用表笔短时间接触被测电压，并观察指针偏摆幅度，如果幅度大，就要把量程改换成较大的量程再进行测量。注意手不能与表笔的金属部分接触，以免触电	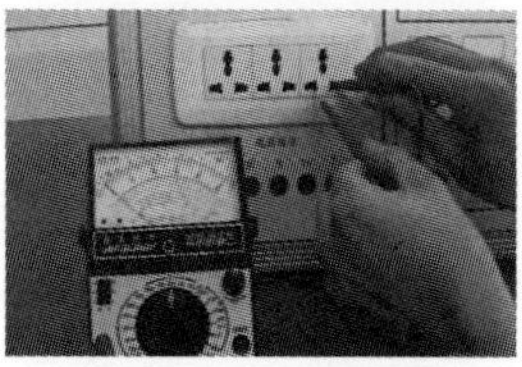
四测	在前面三个步骤都正常的基础上，可进行测量，待指针稳定后再读数	
五复位	在测量完毕，放下表笔，把转换开关拨至测交流电压档的最高档位，避免在下次使用时忘看档位而烧表	

记忆口诀

测量交流电压

一看——拿起表笔看档位；
二扳——对应电量扳到位；
三试——瞬间偏摆试档位；
四测——测量稳定记读数；
五复位——放下表笔再复位。

3. 测量直流电压

使用万用表测量直流电压与测量交流电压的步骤相同。即，一看、二扳、三试、四测、五复位。下面以万用表测量 1.5V 干电池的电压来说明操作五步骤的应用，见表 2-4。

表2-4　万用表测量直流电压操作步骤

步　骤	说　明	图　示
一看	看表笔连接是否正确，档位选择是否在直流电压档。如有错误应立即改正	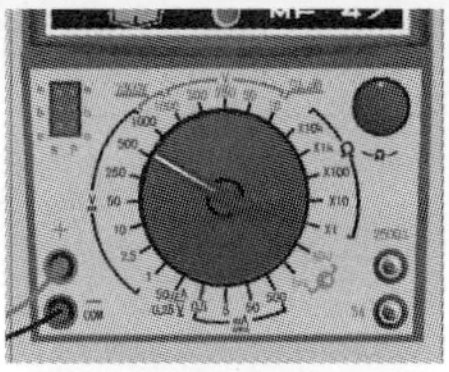
二扳	把转换开关扳到合适的量程位置（例如直流2.5V档）	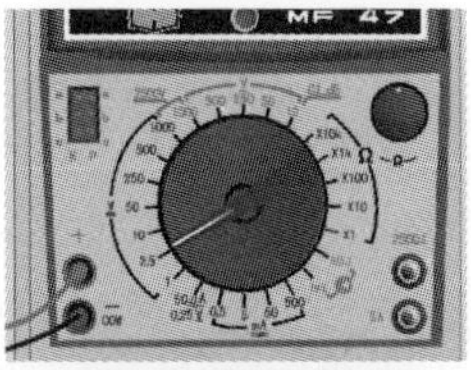
三试	在测量前用表笔短时间接触被测电压（红表笔接电池的正极，黑表笔接电池的负极），并观察指针偏转方向及幅度是否正常。如果指针反向偏转，说明表笔极性接反，应立即改正过来；如果偏转幅度过大，就要把量程改换成较大的量程再进行测量	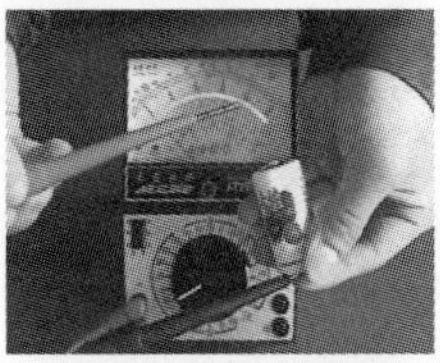
四测	在前面三个步骤都正常的基础上，可进行测量，待指针稳定后再读数	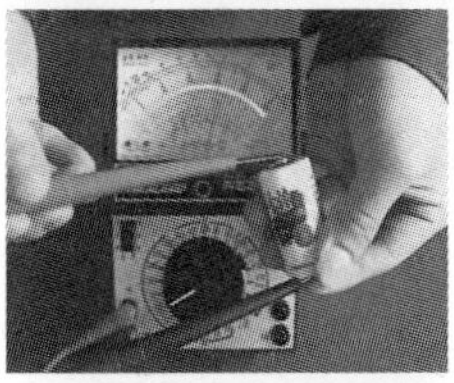
五复位	在测量完毕，放下表笔，把转换开关拨至测交流电压档的最高档位，避免在下次使用时忘看档位而烧表	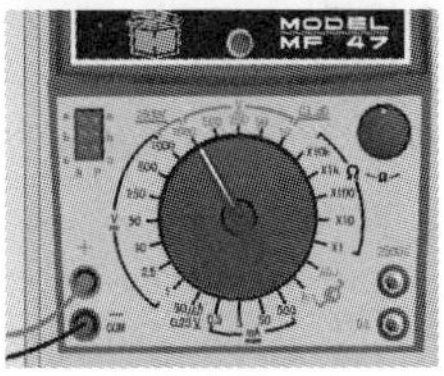

4. 测量直流电流

一般来说，指针式万用表只有直流电流测量功能，没有测量交流电流的功能。

使用万用表测量直流电流的步骤也是：一看、二扳、三试、四测、五复位。下面以万用表测量1.5V干电池的电流来说明操作五步骤的应用，见表2-5。

表2-5　万用表测量直流电流操作步骤

步　骤	说　明	图　示
一看	看表笔连接是否正确，档位选择是否在直流电流档。如有错误应立即改正	

（续）

步　骤	说　　明	图　示
二扳	把转换开关扳到合适的量程位置（例如直流 50mA 档）	
三试	先断开被测量电路，再将表笔串联进入在电路中，红表笔接高电位端，黑表笔接低电位端，并观察指针偏转方向及幅度是否正常。如果指针反向偏转，说明表笔极性接反，应立即改正过来；如果偏转幅度过小，就要把量程改换成较小的量程再进行测量	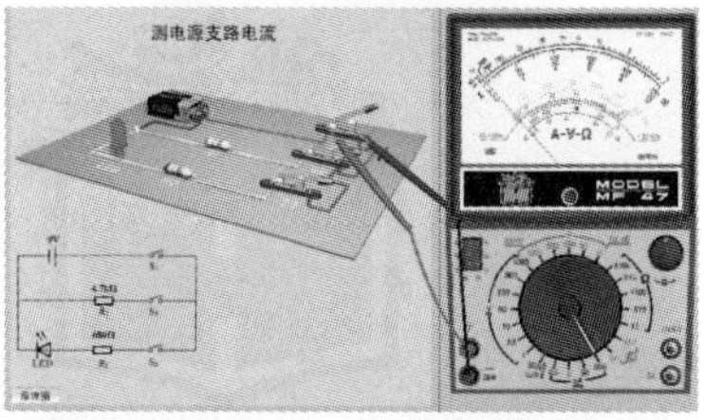
四测	在前面三个步骤都正常的基础上，可进行测量，待指针稳定后再读数	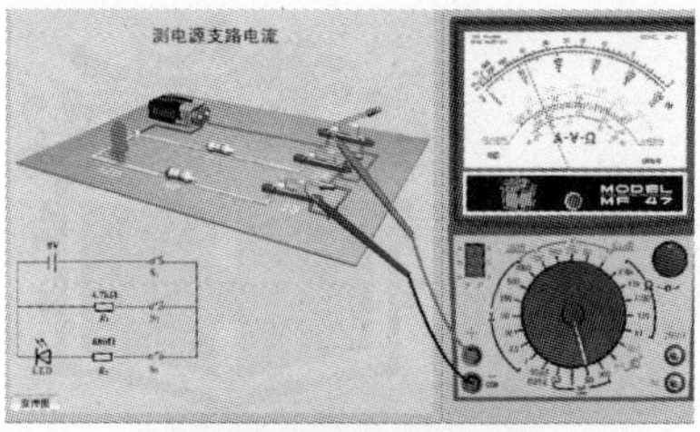
五复位	在测量完毕，放下表笔，把转换开关拨至测交流电压档的最高档位，避免在下次使用时忘看档位而烧表	

32

记忆口诀

测量直流电压、电流

一看——拿起表笔看档位；

二扳——对应电量扳到位；

三试——瞬间偏摆试档位；

四测——测量稳定记读数；

五复位——放下表笔再复位。

2.1.3　数字式万用表的使用

1. 测量电阻

1）将黑表笔插入 COM 插孔，红表笔插入 V/Ω 插孔。

2）根据待测电阻标称值（可从电阻器的色环上观察）选择量程，所选择的量程应比电阻器的标称值稍微大一点。

3）将数字万用表表笔与被测电阻并联，从显示屏上直接读取测量结果。如图 2-2 所示测量标称阻值是 12kΩ 的电阻器，实际测得其电阻值为 11.97kΩ。

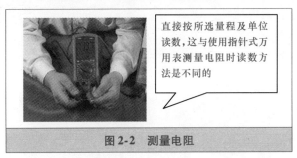

> 直接按所选量程及单位读数，这与使用指针式万用表测量电阻时读数方法是不同的

图 2-2　测量电阻

2. 测量直流电压

1）黑表笔插入 COM 插孔，红表笔插入 V/Ω 插孔。

2）将功能开关置于直流电压档 "DCV" 或 "V▬" 合适量程。

3）两支表笔与被测电路并联（一般情况下，红表笔接电源正极，黑表笔接电源负极），即可测得直流电压值。如果表笔极性接反，在显示电压读数时，显示屏上用 "－" 号指示出红表笔的极性。如图 2-3 所示显示 "－3.78"，表明此次测量电压值为 3.78V，负号表示红表笔接的是电源负极。

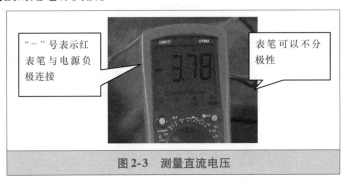

> "－" 号表示红表笔与电源负极连接

> 表笔可以不分极性

图 2-3　测量直流电压

3. 测量交流电压

1）黑表笔插入 COM 插孔，红表笔插入 V/Ω 插孔。

2）将功能开关置于交流电压档 "ACV" 或 "V～" 的合适量程。

3）测量时表笔与被测电路并联，表笔不分极性。直接从显示屏上读数，如图 2-4 所示。

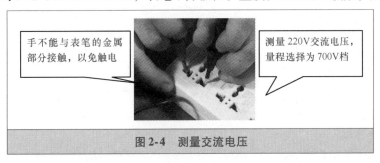

> 手不能与表笔的金属部分接触，以免触电

> 测量 220V 交流电压，量程选择为 700V 档

图 2-4　测量交流电压

4. 测量电流

1）将黑表笔插入 COM 插孔，当被测电流在 200mA 以下时，红表笔插入"mA"插孔，当测量 0.2~20A 的电流时，红表笔插入"20A"插孔。

2）转换开关置于直流电流档"DCA"或"A－"的合适量程。

3）测量时必须先断开电路，再将表笔串联接入到被测电路中，如图 2-5 所示。显示屏在显示电流值时，同时会指示出红表笔的极性。

选择量程为20mA时,显示读数为0.82mA

选择量程为2mA时,显示读数为0.822mA

图 2-5　测量电流

2.2　钳形电流表

2.2.1　钳形电流表简介

1. 钳形电流表的用途

钳形电流表可以在不中断负载运行（不断开载流导线）的条件下测量低压线路上的交流电流，特别适合于不便于断开线路或不允许停电的测量场合，如图 2-6 所示。

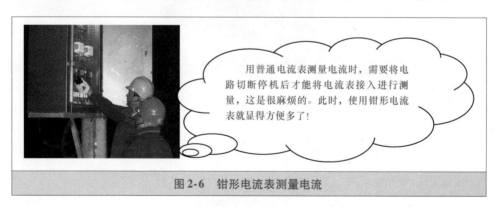

用普通电流表测量电流时，需要将电路切断停机后才能将电流表接入进行测量，这是很麻烦的。此时，使用钳形电流表就显得方便多了！

图 2-6　钳形电流表测量电流

【重要提醒】

普通钳形表只能用来测量交流电流，不能测量其他电参数。带万用表功能的钳形表是在普通钳形表的基础上增加了万用表的功能，它的使用方法与万用表相同。

2. 钳形电流表的分类（见表2-6）

表2-6　钳形电流表的分类

分 类 方 法	种　　类
从读数显示方式分	指针式钳形表、数字式钳形表
从测量电压分	低压钳形表、高压钳形表
从功能分	普通交流钳形表、交直流两用钳形表、漏电流钳形表、带万用表的钳形表等

钳形表的外形差异较大，常用钳形电流表的外形如图2-7所示。

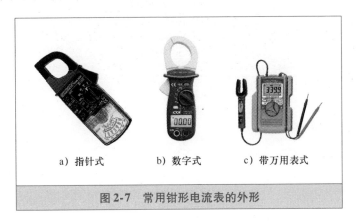

a）指针式　　　b）数字式　　　c）带万用表式

图2-7　常用钳形电流表的外形

3. 钳形电流表的结构

（1）指针式钳形电流表的结构

指针式钳形电流表由电流互感器和电流表组成，如图2-8所示。

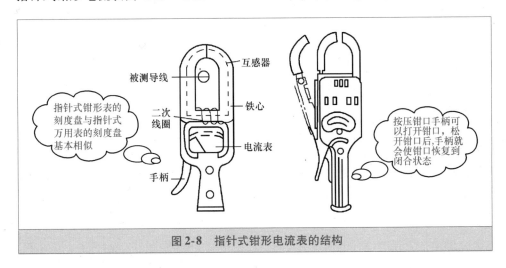

图2-8　指针式钳形电流表的结构

（2）数字式钳形电流表的结构

数字式钳形表与指针式钳形表在外形上的最大差异在于显示部分采用了液晶显示屏，如图2-9所示。

35

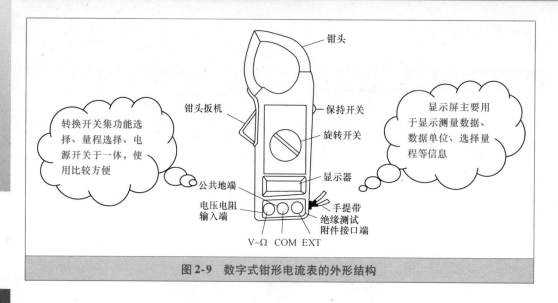

转换开关集功能选择、量程选择、电源开关于一体，使用比较方便

钳头

钳头扳机

保持开关

旋转开关

显示器

公共地端

电压电阻输入端

手提带

绝缘测试附件接口端

V-Ω COM EXT

显示屏主要用于显示测量数据、数据单位、选择量程等信息

图2-9　数字式钳形电流表的外形结构

36　2.2.2　钳形电流表的使用

1. 使用前的检查

1）检查钳口的开合情况以及钳口两个结合面的接触情况，如图2-10所示。

钳口开合自如，钳口的两个结合面接触良好

图2-10　检查钳口

2）指针式钳形表应检查零点是否正确，若表针不在零点时可通过调节机构调准。

3）多用型钳形电流表还应检查测试线和表笔有无损坏，要求导电良好、绝缘完好。

4）数字式钳形电流表还应检查表内电池的电量是否充足，不足时必须更新。

2. 测量方法

1）根据负载电流的大小先估计被测电流数值，选择合适量程。

2）在进行测量时，用手捏紧扳手使钳口张开，将被测载流导线放在钳口中心位置，以减少测量误差，如图2-11a所示。然后，松开扳手，使钳口（铁心）闭合，表头即有指示。注意，不可以将多相导线都夹入钳口中测量。

3）测量5A以下的电流时，如果钳形电流表的量程较大，在条件许可时，可把导线在钳口上绕几圈（见图2-11b），然后测量。线路中的实际电流值为读数除以穿过钳口内侧的导线匝数。

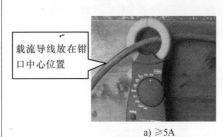

载流导线放在钳口中心位置

测量 5A 以下电流，载流导线在钳口上绕几圈。实际电流值等于读数除以所绕圈数

a) ≥5A

b) <5A

图 2-11　钳形电流表测量电流

【重要提醒】

钳形电流表的基本使用方法及注意事项可归纳为如下口诀。

> **记忆口诀**
>
> **操作钳形电流表**
>
> 不断电路测电流，电流感知不用愁。
> 测流使用钳形表，方便快捷算一流。
> 钳口外观和绝缘，用前一定要检查。
> 钳口开合应自如，清除油污和杂物。
> 量程大小要适宜，钳表不能测高压。
> 如果测量小电流，导线缠绕钳口上。
> 带电测量要细心，安全距离不得小。

2.3　绝缘电阻表

2.3.1　绝缘电阻表简介

1. 绝缘电阻表的用途

绝缘电阻表原称兆欧表，俗称摇表，主要用于测量各种电动机、电缆、变压器、家用电器、工农业生产上用的电气设备和配送电线路的绝缘电阻，以及测量各种高阻值电阻器等。

【重要提醒】

绝缘电阻表所能测量的绝缘电阻或高阻值电阻的范围，与其所发出的直流电压的高低有关，直流电压越高，能测量的绝缘电阻就越高。

2. 绝缘电阻表的种类及结构

按照读数方式分类，有指针式绝缘电阻表和数字式绝缘电阻表，其结构如图 2-12 所示。常用的指针式绝缘电阻表通常为手摇直流发电机式绝缘电阻表。

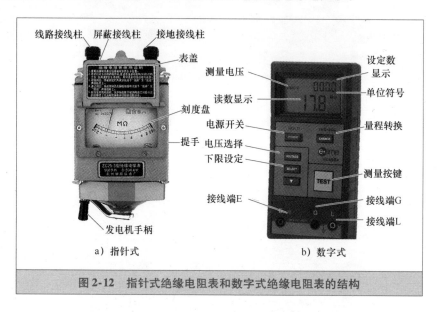

a）指针式   b）数字式

图 2-12　指针式绝缘电阻表和数字式绝缘电阻表的结构

【重要提醒】

传统的手摇直流发电机式绝缘电阻表在使用时需要摇动表内的手摇发电机，故把绝缘电阻表习惯上也称摇表。绝缘电阻表是专门用于测量绝缘电阻的仪表。

3. 绝缘电阻表的选择

选择一只合适的绝缘电阻表，对测量结果的准确性和正确分析电气设备的绝缘性能以及安全状况非常重要，因此必须认真对待。对于绝缘电阻表的选取，通常从选择绝缘电阻表的电压和测量范围这两方面来考虑。

选择绝缘电阻表电压的原则是，其额定电压一定要与被测电力设备或者线路的额定电压相适应。电压高的电力设备，对绝缘电阻值要求大一些，须使用电压高的绝缘电阻表来测试；而电压低的电力设备，它内部所能承受的电压不高，为了设备安全，测量绝缘电阻时就不能用电压太高的绝缘电阻表。表 2-7 列举了一些在不同情况下选择绝缘电阻表电压的要求。

表 2-7　绝缘电阻表电压等级的选用

被 测 对 象	被测设备的额定电压/V	所选绝缘电阻表的电压/V
线圈的绝缘电阻	500 以下	500
线圈的绝缘电阻	500 以上	1000
发电机线圈的绝缘电阻	380 以下	500
电力变压器、发电机、电动机线圈的绝缘电阻	500 以上	1000 ~ 2500
电气设备绝缘	500 以下	500 ~ 1000
电气设备绝缘	500 以上	2500
绝缘子、母线、刀闸	—	2500 ~ 5000

2.3.2 手摇式绝缘电阻表的使用

1. 仪表检查

（1）外观检查

使用绝缘电阻表前，应先查验其外观。其基本要求是玻壳要完好，刻度要易于分辨，指针没有扭曲现象且摆动灵活，发电机手柄要轻便。

（2）校表

使用绝缘电阻表前，应对绝缘电阻表进行校验，包括校零点（短路试验）和校无穷大（开路试验）。

校零点的方法是，将线路、地线短接，慢慢摇动手柄，若发现表针立即指在零点处，则立即停止摇动手柄，说明表是好的，表的零点读数是正确的，如图 2-13a 所示。

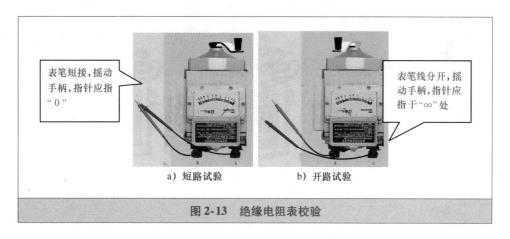

表笔短接，摇动手柄，指针应指 " 0 "

表笔线分开,摇动手柄,指针应指于"∞"处

a）短路试验　　　b）开路试验

图 2-13　绝缘电阻表校验

校无穷大的方法是，将线路、地线分开放置后，先慢后快逐步加速，以约 120r/min 的转速摇动手柄，待表的读数在无穷大处稳定指示时，即可停止摇动手柄，说明表开路试验无异常，如图 2-13b 所示。

【重要提醒】

经过短路试验和开路试验两个步骤的检测，证实表没问题，可进入以下测量步骤。否则，该绝缘电阻表不能使用。

2. 正确接线

测量对象不同，接线方法也有所不同。测量绝缘电阻时，一般只用线路端（L）和接地端（E）；用于电缆绝缘电阻的测量，则需要用到屏蔽接线柱（G）。

1）测量电动机绕组绝缘电阻时，将 E、L 端分别接于被测的两相绕组上；测量电动机绕组对地的绝缘电阻时，将 L 端与绕组连接，E 端与电动机的金属外壳（即接地）连接，如图 2-14 所示。

2）**测量低压线路的绝缘电阻时**，将 E 接地线，L 接到被测线路上，如图 2-15 所示。

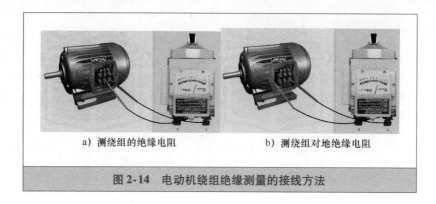

a）测绕组的绝缘电阻　　　　　　　　b）测绕组对地绝缘电阻

图 2-14　电动机绕组绝缘测量的接线方法

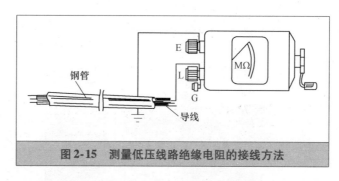

图 2-15　测量低压线路绝缘电阻的接线方法

3）**测量电缆的对地绝缘电阻**或被测设备的漏电流较严重时，G 端接屏蔽层或外壳，L 接线芯，E 接外皮，如图 2-16 所示。G 端接屏蔽层或外壳的作用是消除被测对象表面漏电造成的测量误差。

4）**测量家用电器的绝缘电阻**时，L 接被测家用电器的电源插头，E 接该家用电器的金属外壳，如图 2-17 所示。

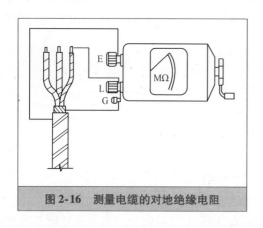

图 2-16　测量电缆的对地绝缘电阻

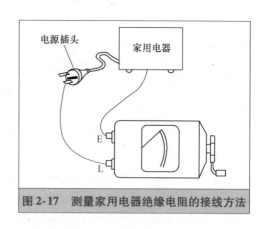

图 2-17　测量家用电器绝缘电阻的接线方法

【重要提醒】

严禁在有人工作的设备上测量绝缘电阻。对于电容量大的设备，在测量完毕后，必须将被测设备进行对地放电（绝缘电阻表没停止转动时及放电设备切勿用手触及）。

3. 测试

线路接好后，在测试时，绝缘电阻表要保持水平位置，用左手按住表身，右手摇动发电机手柄，如图 2-18a 所示。右手按顺时针方向转动发电机手柄，摇的速度应由慢而快，当转速达到 **120r/min** 左右时，保持匀速转动，**1min** 后读数，并且要边摇边读数，不能停下来读数，如图 2-18b 所示。

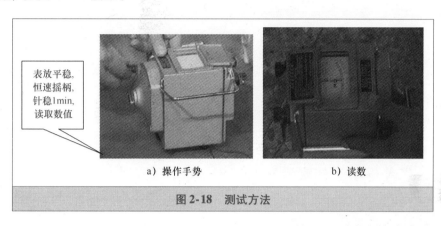

表放平稳，
恒速摇柄，
针稳1min，
读取数值

a）操作手势　　　　　　　　　b）读数

图 2-18　测试方法

【重要提醒】

在测量过程中，如果表针已经指向"0"，说明被测对象有短路现象，此时不可继续摇动发电机摇柄，以防损坏绝缘电阻表。

4. 拆除测试线

测量完毕，待绝缘电阻表停止转动和被测物接地放电后，才能拆除测试线，如图 2-19 所示。

图 2-19　拆除测试线

记忆口诀

操作手摇直流发电机式绝缘电阻表

使用兆欧表，外观先查验。

玻壳要完好，刻度易分辨。

指针无扭曲，摆动要轻便。

其次校验表，标准有两个。

短路试验时，指针应指零。

开路试验时，针指无穷大。

第三是接线，分清被测件。

三个接线柱，必用 L 和 E；

若是测电缆，还要接G柱。

为了保安全，以下要注意。

引线要良好，禁止线绕缠。

进行测量时，勿在雷雨天。

测量线路段，必须要停电。

电容及电缆，测前先放电。

仪表放水平，远离磁场电。

匀速顺时摇，一百二十转。

摇转一分钟，读数才能算。

测量完成后，放电拆接线。

2.3.3 数字式绝缘电阻表的使用

1. 数字式绝缘电阻表的优点

数字式绝缘电阻表没有手摇发电机，用电池作为电源，测量结果采用显示屏显示测量结果。数字式绝缘电阻表较手摇式绝缘电阻表的优越性主要表现为以下几个方面：

1）依靠仪表自身具有的直流电源可以产生精确的直流高压，而且针对不同的被检测对象可以方便选择不同的电压等级。

2）量程范围大，可以根据实际测量数值进行自动实现量程切换。

3）测量准确度高，而且采用液晶显示屏直接显示读数，避免了指针式仪表的读数误差。

4）有完备的历史数据记录保存的功能，便于历史数据的回溯。同时还具有微型计算机的接口，可以进行数据上传以及仪器参数的下载。

5）体积小、重量轻，便于携带。

2. 数字式绝缘电阻表操作要点

1）数字式绝缘电阻表也有三个接线端子（L、E、G），其连接方法与手摇式绝缘电阻表的接线端子相同。

2）测试线连接好后，开启电源开关"ON/OFF"，选择所需电压等级。一般来说，开机默认为500V档，如图2-20所示。

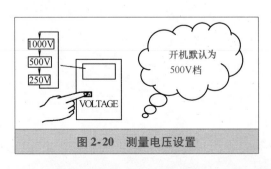

图2-20　测量电压设置

3）根据测量需要选择量程，通过按动"CHANGE"键，量程将在 200MΩ 和 2GΩ 之间转换，显示屏单位符号区分别显示"MΩ"和"GΩ"，小数点也自动移位，如图 2-21 所示。

4）按住"TEST"键，显示屏读数区显示测量结果，如图 2-22 所示。如果显示"OL"，说明被测电阻已超过该量程，应转换到下一个高量程后再测量。

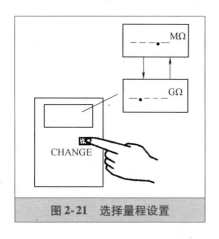

图 2-21　选择量程设置

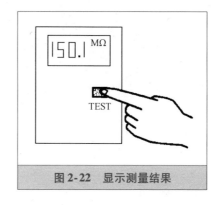

图 2-22　显示测量结果

【重要提醒】

测量时，如果按住"TEST"键 5s 以上，即进入自动测量状态，这时松开"TEST"键，数字绝缘电阻表仍继续测量，显示屏读数区继续显示测量结果，直至再次按一下"TEST"键时才结束测量。自动测量功能方便在较长时间内的连续测量。

2.4　电能表

2.4.1　电能表简介

1. 电能表的用途及分类

电能表原称电度表，是用来测量电能的仪表，是供电公司（或发电厂）与电力用户进行贸易结算（或电能成本核算）的依据。电能表的分类见表 2-8。

表 2-8　电能表的分类

分类方法	种　类
按使用电源的性质	交流电能表、直流电能表
按用途	工业及民用电能表、标准电能表和特殊用途电能表
按工作原理	感应式电能表、电子式电能表、机电脉冲式电子电能表
按相数	单相、三相三线、三相四线等

2. 感应式电能表简介

感应式电能表是以电磁感应为基础的，用来计量电能的一种专用仪表，由于它使用的全是机械部件，所以又称机械式电能表。

感应式电能表主要由计数器、转动元件（铝盘或叫转盘）、驱动元件、制动磁铁、上下轴承、基架、端钮盒等组成。其中驱动元件主要包括电压线圈、电流线圈和计数装置等，如图 2-23 所示。

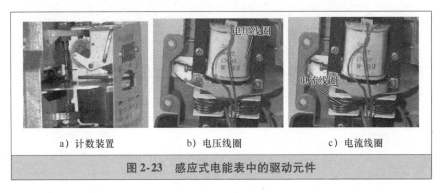

a）计数装置   b）电压线圈   c）电流线圈

图 2-23　感应式电能表中的驱动元件

3. 电子式电能表简介

电子式电能表主要由感应式测量机构、光电转换器和分频器、计数器三大部分组成，各个组成部分的作用见表 2-9。

表 2-9　电子电能表各组成部分的作用

组 成 部 分	作　　　用
感应式测量机构	将电能信号转变为转盘的转数，其工作原理同感应式电能表一样
光电转换器	将正比于电能的转盘转数转换为电脉冲
分频器和计数器	将经光电转换成的脉冲信号进行分频、计数，从而得到所用的电能量

【知识窗】

常用电能表型号的含义见表 2-10。

表 2-10　常用电能表型号的含义

型　　　号	含　　　义
DD	单相电能表
DS	三相三线有功电能表
DT	三相四线有功电能表
DX	无功电能表

2.4.2　电能表的选用与接线

1. 电能表电流容量的选用

电能表铭牌电流的标注方法为 5（10）A、10（20）A、5（20）A 等，括号前的电流值叫标定电流，是作为计算负载基数电流值的，括号内的电流叫额定最大电流，是能使电能表长期正常工作，而误差与温升完全满足规定要求的最大电流值（见图 2-24）。

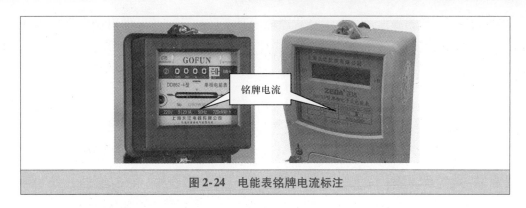

图 2-24　电能表铭牌电流标注

1）电能表的额定容量应根据用户负荷来选择，一般负荷电流的上限不得超过电能表的额定电流，下限不应低于电能表允许误差范围以内规定的负荷电流。

2）应使负荷电流在电能表额定电流的 **20％～120％** 之内，必须根据负荷电流和电压数值来选定合适的电能表，使电能表的额定电压、额定电流等于或大于负荷的电压和电流。一般情况下可按表 2-11 进行选择。

45

表 2-11　电能表电流容量的选用

电能表容量/A	单相 220V 照明用电/kW	三相 380V 动力用电/kW
3	0.6 以下	—
5	0.6～1	0.6～1.7
10	1～2	2.8～5
15	2～3	5～7.5
20	3～4	7.5～10
30	4～6	10～15
50	6～10	15～25
100	—	25～50
200	—	50～100

2. 电能表的接线

（1）单相电能表的接线

DD28 型单相电能表接线盒里共有四个接线桩，一般是按照"进相（火）出相（火）、进零出零"的顺序排列的，单相电能表的接线方法如图 2-25 所示。

图 2-25　DD28 型单相电能表的接线

DDS607 系列单相静止（全电子）式电能表具有脉冲输出（可供用户检测）、防止非法窃电等功能。其接线方法如图 2-26 所示。

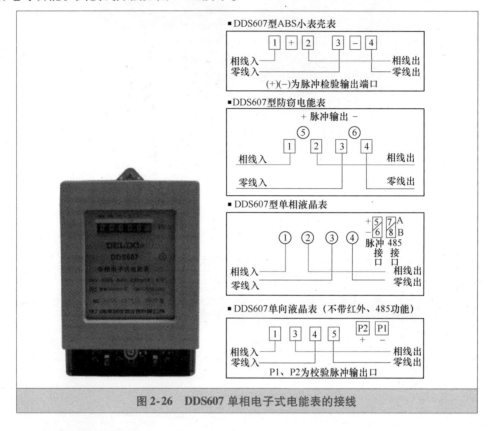

图 2-26　DDS607 单相电子式电能表的接线

（2）三相电能表的接线

三相三线电能表的电压线圈的额定电压为线电压（380V），主要用于三相三线制供电或三相四线制供电系统中的三相平衡负载的电能计量。

三相电能表的接线分为直接式和间接式两种，如图 2-27 所示。

> **记忆口诀**
>
> **电能表的接线**
>
> 单相电表四个端，1、3 进线 2、4 出。
>
> 左边相线右边零，相零错接可不行。
>
> 三相电表两元件，相进相出依次连。
>
> 三相四线八个端，相进相出后接零。
>
> 电表计量有个限，直接不过一百安。
>
> 大宗用户装电表，超过 50 加互感。
>
> 并压串流联合接，配合 TA 大计量。

注：本口诀中 TA 为电流互感器。

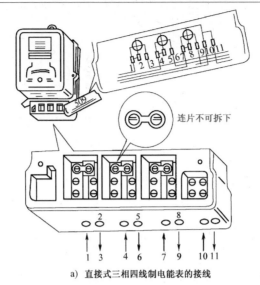

a) 直接式三相四线制电能表的接线

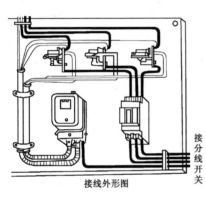

接线外形图

接 分 线 开 关

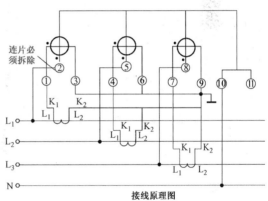

接线原理图

b) 间接式三相四线制电能表的接线

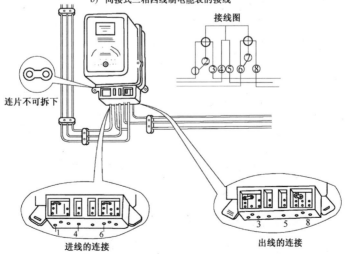

连片不可拆下

进线的连接

出线的连接

c) 直接式三相三线制电能表的接线

图 2-27 三相电能表的接线

接线外形图　　　　　　接线原理图

d）间接式三相三线制电能表的接线

图 2-27　三相电能表的接线（续）

【重要提醒】

1）三相电能表应按正相序接线（正相序一般按 L_1、L_2、L_3 或 A、B、C 排列，各相与导线绝缘层颜色的对应关系：L_1（A）为黄，L_2（B）为绿，L_3（C）为红，也可用相序表检测）。因为电能表在校验时是按正相序接线的，如果安装时不按正相序接线会引起附加误差和潜动（自走）。

2）接线应牢固。如果接线松动会将电能表烧坏。

3）电能表的相线和零线不能接反。

4）接互感器的电能表，其二次导线接头最好镀一层锡。因为铝、铜接头易发生氧化反应，时间长了会影响准确计量。

2.5　电流表

2.5.1　电流表简介

1. 电流表的用途

电流表是用来测量电流的仪表，适用于安装在各控制系统和配电系统的显示面板和大型开关板指示相关电参数，如交直流电流、过载电流等。

电流表的基本单位为安培（A），所以又称为安培表，如图 2-28 所示。

2. 电流表的分类

1）根据测量的性质不同，电流表分为**直流电流表**和**交流电流表**。

2）根据工作原理的不同，电流又分为**磁电系电流表**、**电磁系电流表**、**电动系电流表**等。

a) 指针式　　　　　　　　b) 数字式

图 2-28　电流表

【重要提醒】

根据测量的需要不同，可选用安培表、毫安表或微安表。

2.5.2　电流表的接线

使用电流表测电流时，必须将电流表与被测负载串联连接。电流表的接线方法见表 2-12。

表 2-12　电流表的接线方法

名　称	测量接线方法		注 意 事 项
	直接测量	带分流器和互感器测量	
直流电流表的测量			1）仪表与负载串联 2）注意仪表量程大小和极性（正接线桩接实际电流来的方向，负接线桩接实际电流流出的方向） 3）带有分流器的仪表应用配套的导线连接仪表与分流器端钮
交流电流表的测量			1）仪表与负载串联 2）注意仪表量程大小，交流电流表接线时不分正负极性 3）电流互感器的二次绕组和铁心都要可靠接地 4）二次回路绝对不允许开路和安装熔断器

> **记忆口诀**
>
> **电流表的接线**
>
> 电流测量电流表，交流直流两大类。
> 接线方法为串联，直流接线分正负，
> 交流电表使用时，看清仪表的量程。
> 仪表量程本有限，用前必须看清楚。
> 扩大量程有办法，直流表接分流器。
> 交流加装互感器，绕组铁心要接地。

2.6 电压表

2.6.1 电压表简介

1. 电压表的用途

电压表是用来测量电压的一种仪表，电压的基本单位为伏特（V），所以又称为伏特表，如图 2-29 所示。

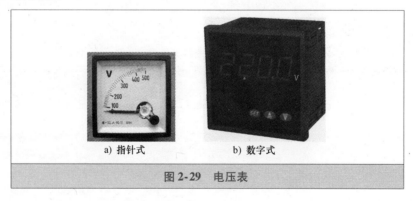

a) 指针式　　　　　　　　b) 数字式

图 2-29　电压表

交流电压表只能用于测量交流电压；直流电压表只能用于测量直流电压；交直流电压表可以测量交流电压，也可测量直流电压。

2. 电压表的分类

1）根据测量电压的性质不同，电压表分为直流电压表和交流电压表。

2）根据工作原理的不同，电压表又分为磁电系电压表、电磁系电压表、电动系电压表等。

【重要提醒】

直流电压表的符号是在 V 下加一个直线"－"，交流电压表的符号要在 V 下加一个波浪线"～"。

2.6.2　电压表的接线

　　使用电压表测电压时，必须将电压表与被测电路并联。因为电压表内阻很大，串联在电路中会造成断路。电压表的接线方法见表 2-13。

表 2-13　电压表的接线方法

名　　称	测量接线方法		注 意 事 项
	直 接 测 量	带分压器和互感器测量	
直流电压表的测量	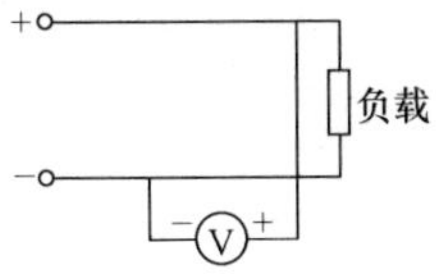	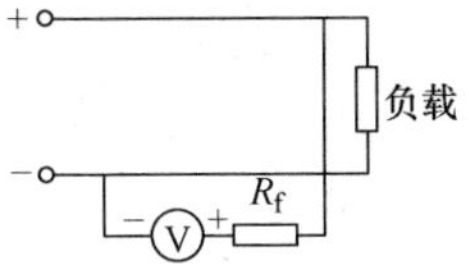	1) 电压表并联在被测电路或被测负载两端 2) 注意仪表量程（选择合适量程的直流电压表） 3) 接线时注意极性（负极接低电位，正极接高电位）
交流电压表的测量	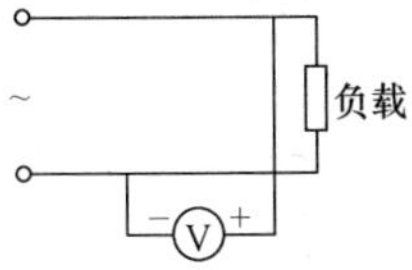	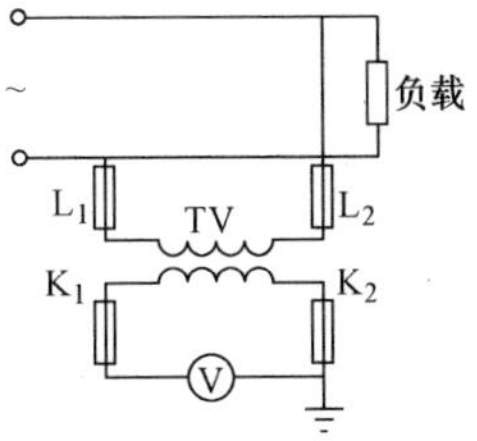	1) 电压互感器的二次侧绝对不允许短路 2) 二次侧必须接地 3) 一、二次侧均须接熔断器 4) 测量时要注意安全，预防触电

　　记忆口诀

　　电压表的接线

　　电压测量电压表，交流直流两大类。

　　接线方法为并联，因为表内阻很大。

　　直流接线分正负，否则指针会反转。

　　交流电表接线时，低压电路直并联。

　　如果测量高电压，加装电压互感器。

第**3**章

常用低压电器

3.1 低压电器基础知识

3.1.1 低压电器的分类

（1）低压电器按用途和控制对象分类

按用途和控制对象不同，低压电器可分为电力网系统用的配电电器、电力拖动及自动控制系统用的控制电器两大类，见表3-1。

表 3-1 低压电器按用途和控制对象分类

电器名称		主要品种	用　途	图　示
配电电器	刀开关	大电流刀开关 熔断器式刀开关 开关板用刀开关 负荷开关	主要用于电路隔离，也可用于接通和分断额定电流	
	转换开关	组合开关 换向开关	用于两种以上电源或负载的转换和通断电路	

（续）

电器名称		主要品种	用　途	图　示
配电电器	断路器	万能式断路器 塑壳式断路器 限流式断流器 漏电保护断路器	用于线路过载、短路或欠电压保护，也可用作不频繁接通和分断电路	
	熔断器	有填料熔断器 无填料熔断器 快速熔断器 自复熔断器	用于线路或电气设备的短路和过载保护	
控制电器	接触器	交流接触器 直流接触器	主要用于远距离频繁起动或控制电动机，以及接通和分断正常工作的电路	
	控制继电器	电流继电器 电压继电器 时间继电器 中间继电器 热继电器	主要用于远距离频繁起动或控制其他电器或作主电路的保护	
	起动器	磁力起动器 减压起动器	主要用于电动机的起动和正反方向控制	
	控制器	凸轮控制器 平面控制器	主要用于电气控制设备中转换主回路或励磁回路的接法，以达到电动机起动、换向和调速的目的	

（续）

电器名称	主要品种	用途	图示
控制电器	主令电器	按钮 限位开关 微动开关 万能转换开关	主要用于接通和分断控制电路	
	电阻器	铁基合金电阻	用于改变电路和电压、电流等参数或变电能为热能	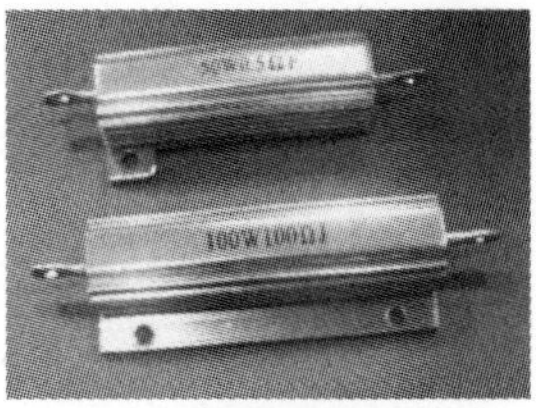
	变阻器	励磁变阻器 起动变阻器 频繁变阻器	主要用于发电机调压以及电动机的减压起动和调速	
	电磁铁	起重电磁铁 牵引电磁铁 制动电磁铁	用于起重、操作或牵引机械装置	

（2）低压电器按操作方式分类

按操作方式不同，低压电器可分为自动电器和手动电器两大类，见表3-2。

表3-2　低压电器按操作方式分类

电器名称		用途
自动电器	接触器 继电器	通过电磁（或压缩空气）做功来完成接通、分断、起动、反向和停止等动作的电器称为自动电器
手动电器	刀开关 转换开关主令电器	通过人力做功来完成接通、分断、起动、反向和停止等动作的电器称为手动电器

（3）低压电器按执行机构分类

按执行机构不同，低压电器可分为有触点电器和无触点电器，见表3-3。

表3-3 低压电器按执行机构分类

电器名称		用 途
有触点电器	接触器 继电器	具有可分离的动触点和静触点，利用触点的接触和分离以实现电路的接通和断开控制
无触点电器	接近开关、 固态继电器等	没有可分离的触点，主要利用半导体元器件的开关效应来实现电路的通断控制

【知识窗】

高压电器和低压电器：

电器是能根据外界的信号和要求，手动或自动接通或断开电路，实现对电路或非电对象切换、控制、保护、检测和调节的元件或设备。

电器设备根据工作电压高低可分为高压电器和低压电器。国际上公认的高、低压电器的分界线为**交流1kV**（直流则为**1.5kV**）。交流1kV以上为高压电器，1kV及以下为低压电器。

工业上的电器一般使用**380/220V**和**6kV**两个电压等级。前者是低压电器，后者是高压电器。

3.1.2 低压电器的常用术语

要正确选用低压电器，首先得理解其常用术语的含义，见表3-4。

表3-4 低压电器常用术语的含义

序 号	术 语	含 义
1	短路接通能力	在规定的条件下，包括开关电器的出线端短路在内的接通能力
2	短路分断能力	在规定的条件下，包括开关电器的出线端短路在内的分断能力
3	操作频率	开关电器在每小时内可能实现的最高循环操作次数
4	通电持续率	电器的有载时间和工作周期之比，常以百分数表示
5	电寿命	在规定的正常工作条件下，机械开关电器不需要修理或更换零件的负载操作循环次数
6	通断时间	从电流开始在开关电器的一个极流过的瞬间起，到所有极的电弧最终熄灭瞬间为止的时间间隔
7	燃弧时间	电器分断过程中，从触头断开（或熔体熔断）出现电弧的瞬间开始，至电弧完全熄灭为止的时间间隔
8	分断能力	开关电器在规定的条件下，能在给定的电压下分断的预期分断电流值
9	接通能力	开关电器在规定的条件下，能在给定的电压下接通的预期接通电流值
10	通断能力	开关电器在规定的条件下，能在给定的电压下接通和分断的预期电流值

【重要提醒】

低压电器在电力输配电系统和电力拖动、自动控制系统中应用非常广泛，电工必须熟练掌握常用低压电器的结构、原理，并能正确选用和维护。如图3-1所示为低压电器的应用实例。

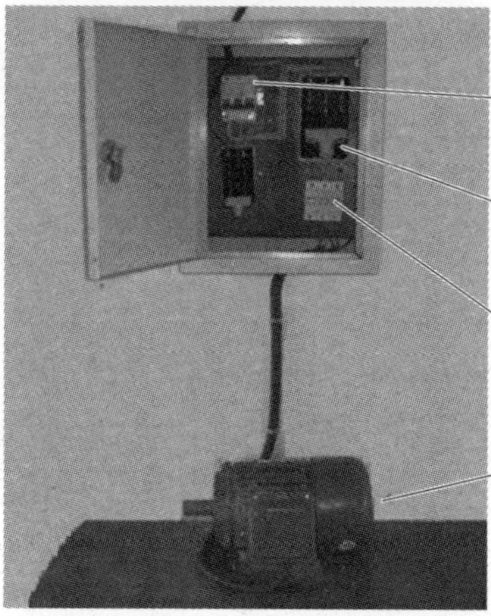

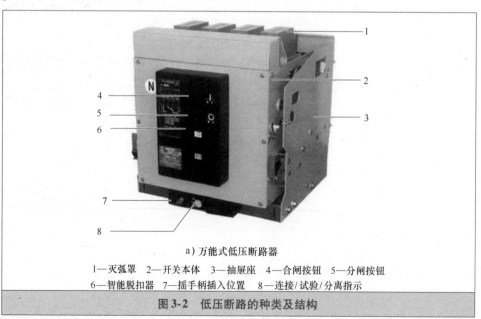

图 3-1　低压电器控制电动机的运转

低压断路器

开启式负荷开关

低压熔断器

交流电动机

3.2　低压断路器

1. 低压断路器的功能

低压断路器主要用于不频繁通断电路，并能在电路过载、短路及失电压时自动分断电路。

2. 低压断路器的类型及结构

低压断路器主要包括框架式（万能式）和塑壳式（装置式）两大类，其结构如图 3-2 所示。

a）万能式低压断路器

1—灭弧罩　2—开关本体　3—抽屉座　4—合闸按钮　5—分闸按钮
6—智能脱扣器　7—摇手柄插入位置　8—连接/试验/分离指示

图 3-2　低压断路的种类及结构

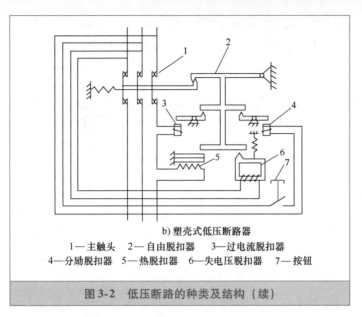

b) 塑壳式低压断路器

1—主触头　2—自由脱扣器　3—过电流脱扣器
4—分励脱扣器　5—热脱扣器　6—失电压脱扣器　7—按钮

图 3-2　低压断路的种类及结构（续）

57

3. 低压断路器的选用

低压断路器主要应用于控制配电线路、电动机和照明三大类负载。选用低压断路器时，一般应遵循以下原则：

1）低压断路器的整定电流，应不小于电路正常的工作电流。断路器的整定电流又称为过载脱扣器的电流整定值，是指脱扣器调整到动作的电流值。低压断路器整定电流的选择见表3-5。

表 3-5　低压断路器整定电流的选择

负载类型	整定电流与负载工作电流的关系
照明电路	负载电流的 6 倍
电动机（一台）	塑壳式低压断路器应为电动机起动电流的 1.7 倍； 万能式低压断路器的应为电动机起动电流的 1.35 倍
电动机（多台）	为容量最大的一台电动机起动电流的 1.3 倍加上其余电动机额定电流之和
配电线路	应等于或大于电路中负载的额定电流之和

2）热脱扣器的整定电流要与所控制负载的额定电流一致，否则，应进行人工调节，如图 3-3 所示。

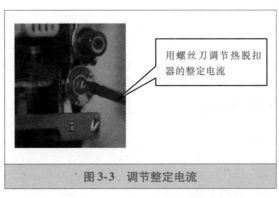

用螺丝刀调节热脱扣器的整定电流

图 3-3　调节整定电流

3）选用低压断路器时，在类型、等级、规格等方面要配合上、下级开关的保护特性，不允许因本级保护失灵导致越级跳闸，扩大停电范围。如图 3-4 所示为家庭及类似场所常用低压断路器的类型。

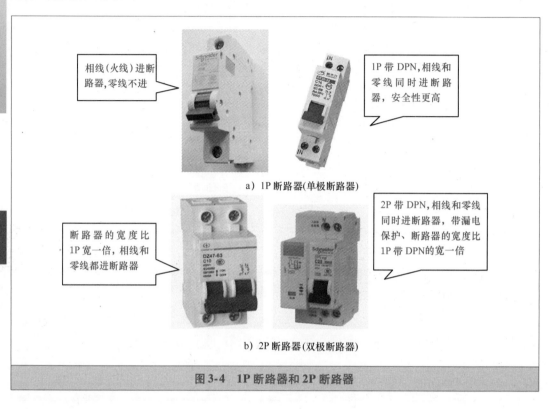

相线（火线）进断路器，零线不进

1P 带 DPN，相线和零线同时进断路器，安全性更高

a）1P 断路器（单极断路器）

断路器的宽度比 1P 宽一倍，相线和零线都进断路器

2P 带 DPN，相线和零线同时进断路器，带漏电保护、断路器的宽度比 1P 带 DPN 的宽一倍

b）2P 断路器（双极断路器）

图 3-4　1P 断路器和 2P 断路器

【重要提醒】

住户配电箱总开关一般选择双极 **32 ~ 63A** 小型断路器；照明回路一般选择 **10 ~ 16A** 小型断路器；插座回路一般选择 **16 ~ 20A** 的漏电保护断路器；空调回路一般选择 **16 ~ 25A** 小型断路器。

3.3　漏电保护器

1. 漏电保护器的功能

漏电保护断路器具有漏电、触电、过载、短路等保护功能，主要用来对低压电网直接触电和间接触电进行有效保护，也可以作为三相电动机的断相保护。

漏电保护断路器同其他断路器一样，可将主电路接通或断开，而且具有对漏电流检测和判断的功能。当主电路发生漏电或绝缘破坏时，漏电保护开关可根据判断结果将主电路接通或断开。

2. 漏电保护器的类型

漏电保护器有单相的，也有三相的。

3. 漏电保护器的结构

漏电保护断路器主要由试验按钮、操作手柄、漏电指示和接线端几部分组成，如图 3-5 所示。

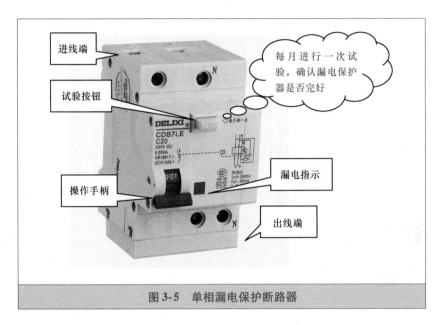

进线端

试验按钮

每月进行一次试验，确认漏电保护器是否完好

操作手柄

漏电指示

出线端

图 3-5　单相漏电保护断路器

4. 漏电保护器的选用

居民和动力用电（统指 400V 系统）漏电保护器，主要以泄漏电流值作为选用依据，见表 3-6。

表 3-6　漏电保护器的选用

序　号	适用场所	选用依据
1	家庭及类似场所	一般选择动作电流不超过 30mA、动作时间不超过 0.1s 的小型漏电保护器
2	浴室、游泳池等场所	漏电保护器的额定动作电流不宜超过 10mA
3	在触电后可能导致二次事故的场所	漏电保护器的额定动作电流不宜超过 10mA

【重要提醒】

在工业配电系统中，漏电保护断路器与熔断器、热继电器配合，可构成功能完善的低压开关元件。

3.4　接触器

1. 接触器的功能

接触器是一种自动化的控制电器，主要用于频繁接通或分断交、直流电路。其控制容量大，可远距离操作，配合继电器可以实现定时操作、联锁控制、各种定量控制、失电压及欠电压保护，广泛应用于自动控制电路。其主要控制对象是电动机，也可用于控制其他电力负载，如电热器、照明、电焊机、电容器组等。

【重要提醒】

交流接触器利用主触头来开闭电路，用辅助触头来执行控制指令。在工业电气中，接触器的型号很多，电流在 5～1000A 不等，其用处相当广泛。

2. 交流接触器的结构

接触器主要由电磁系统、触头系统、灭弧装置等几部分构成，见表 3-7。其外形及结构如图 3-6 所示。

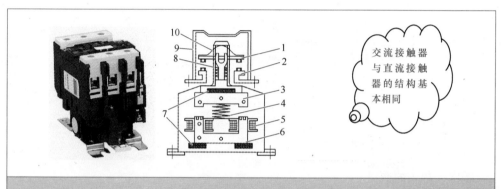

图 3-6　交流接触器的外形及结构
1—动触头　2—静触头　3—动铁心　4—缓冲弹簧　5—电磁线圈
6—静铁心　7—垫毡　8—触头弹簧　9—灭弧罩　10—触头压力弹簧

表 3-7　接触器的结构

装置或系统	组成及说明
电磁系统	动铁心（衔铁）、静铁心、电磁线圈、反作用弹簧
触头系统	主触头（用于接通、切断主电路的大电流）、辅助触头（用于控制电路的小电流）；一般有三对动合主触头，若干对辅助触头
灭弧装置	用于迅速切断主触头断开时产生的电弧，以免使主触头烧毛、熔焊。大容量的接触器（20A 以上）采用缝隙灭弧罩及灭弧栅片灭弧，小容量接触器采用双断口触头灭弧、电动力灭弧、相间弧板隔弧及陶土灭弧罩灭弧

记忆口诀

交流接触器结构及原理

话说交流接触器，三大部分来组成。
电磁力驱机构动，电能变为机械能。

60

> 执行元件是触头，动断、动合两类型。
>
> 触头分断生电弧，灭弧装置消弧灵。
>
> 其他部件比较多，各司其职分工明。
>
> 线圈得电衔铁吸，触头动合线路通。
>
> 电压过高或太低，线圈可能要烧毁。

3. 接触器的选用

接触器的选用方法见表3-8。

表3-8　接触器的选用

选择要点	方法及说明
接触器的类型	根据电路中负载电流的种类选择。交流负载应选用交流接触器，直流负载应选用直流接触器，如果控制系统中主要是交流负载，直流电动机或直流负载的容量较小，也可都选用交流接触器来控制，但触头的额定电流应选得大一些
主触头的额定电压	接触器主触头的额定电压应等于或大于负载的额定电压 交流接触器的额定电压主要有：127V、220V、380V、500V 直流接触器的额定电压主要有：110V、220V、440V
主触头的额定电流	被选用接触器主触头的额定电流应大于负载电路的额定电流。也可根据所控制的电动机最大功率进行选择。如果接触器是用来控制电动机的频繁起动、正反或反接制动等场合，应将接触器的主触头额定电流降低使用，一般可降低一个等级 交流接触器的额定电流主要有：5V、10V、20V、40V、60V、100V、150V、250V、400V、600A 直流接触器的额定电流主要有：40V、80V、100V、150V、250V、400V、600A
吸引线圈额定电压和辅助触头容量	如果控制线路比较简单，所用接触器的数量较少，则交流接触器线圈的额定电压一般直接选用380V 或220V 如果控制线路比较复杂，使用的电器又比较多，为了安全起见，线圈的额定电压可选低一些，这时需要加一个控制变压器 交流接触器吸引线圈额定电压主要有：36V、110（127）V、220V、380V 直流接触器吸引线圈额定电压主要有：24V、48V、220V、440V

記忆口诀

交流接触器的选用

选用交流接触器，负载要求应满足。

操作频率的选用，要看次数和电流。

额定电流的选择，电机功率是依据。

额定电压的选择，等或大于负载压。

线圈电压的选择，要看线路的繁简。

3.5 继电器

1. 继电器的种类

继电器是一种具有隔离功能的自动开关元件，其触点通常接在控制电路中，不直接控制电流较大的主电路，而是通过接触器或其他电器对主电路进行控制。

继电器的种类很多，常见继电器见表 3-9。

表 3-9 继电器的种类

分类方法	种 类
按输入信号性质分	电流继电器、电压继电器、速度继电器、压力继电器
按工作原理分	电磁式继电器、电动式继电器、感应式继电器、晶体管式继电器和热继电器
按输出方式分	有触点式和无触点式
按外形尺寸分	微型继电器、超小型继电器、小型继电器
按防护特征分	密封继电器、塑封继电器、防尘罩继电器、敞开继电器

【重要提醒】

继电器的额定电流一般不大于 5A。

2. 电压继电器

（1）特点

线圈并联在电路中，匝数多、导线细。

（2）功能

电压继电器主要用于监控电气线路中的电压变化情况。当电路的电压值变化超过设定值时，电压继电器便会动作，触点状态产生切换，发出信号，如图 3-7 所示。

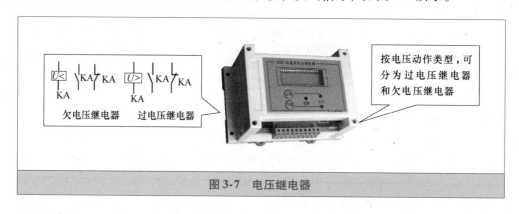

图 3-7 电压继电器

（3）选用

1）选用过电压继电器主要是看额定电压和动作电压等参数，过电压继电器的动作值一般按系统额定电压的 1.1～1.2 倍整定。

2）电压继电器线圈的额定电压一般可按电路的额定电压来选择。

【重要提醒】

电压继电器的线圈匝数多且导线细，使用时将电压继电器的电磁线圈并联接于所监控的电路中，与负载并联，将动作触点串接在控制电路中。

记忆口诀

电压继电器

电压继电器两种，过电压和欠电压。

线圈匝数多且细，整定范围可细化。

并联负载电路中，密切监控电变化。

额定电压要相符，安装完毕试几下。

---

3. 电流继电器

（1）特点

线圈串接于电路中，导线粗、匝数少、阻抗小。

（2）功能

电流继电器是反映电流变化的控制电器，主要用于监控电气线路中的电流变化。当电路电流的变化超过设定值时，电流继电器便会动作，触点状态产生切换，发出信号，如图3-8所示。

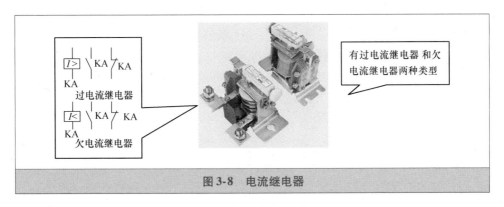

图 3-8　电流继电器

1）过电流继电器线圈的额定电流一般可按电动机长期工作的额定电流来选择。对于频繁起动的电动机，考虑到起动电流在继电器中的热效应，因此额定电流可选大一级。

2）过电流继电器的动作电流可根据电动机工作情况，一般按电动机起动电流的 1.1 ~ 1.3 倍整定，频繁起动场合可取 2.25 ~ 2.5 倍。一般绕线转子异步电动机的起动电流按 2.5 倍额定电流考虑，笼型异步电动机的起动电流按额定电流的 5 ~ 8 倍考虑。

3）欠电流继电器常用于直流电动机磁场的弱磁保护，必须按实际需要进行整定。

【重要提醒】

电流继电器的线圈匝数少且导线粗，使用时将电磁线圈串联接于被监控的主电路中，与负载相串联，动作触点串联接在辅助电路中。

4. 中间继电器

（1）特点

中间继电器实质上是一种电压继电器，结构和工作原理与接触器相同。但它的触点数量较多，在电路中主要是扩展触点的数量。另外其触点的额定电流较大。

（2）功能

中间继电器是传输或转换信号的一种低压电器元件，它可将控制信号传递、放大、翻转、分路、隔离和记忆，以达到一点控多点、小功率控大功率的目标，如图3-9所示。

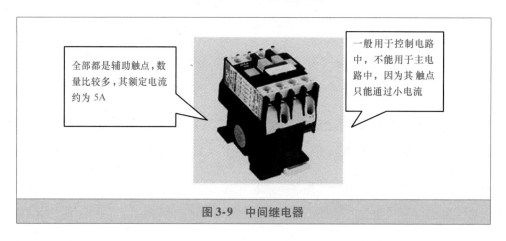

全部都是辅助触点，数量比较多，其额定电流约为5A

一般用于控制电路中，不能用于主电路中，因为其触点只能通过小电流

图3-9 中间继电器

（3）选用

中间继电器的品种规格很多，常用的有J27系列、J28系列、JZ11系列、JZ13系列、JZ14系列、JZ15系列、JZ17系列和3TH系列。

选用中间继电器时，主要应根据被控制电路的电压等级、所需触点数量、种类、容量等要求来选择。

5. 热继电器

（1）功能

热继电器是用于电动机或其他电气设备、电气线路的过载保护的保护电器。主要用于电动机的过载保护及其他电气设备发热状态的控制，有些型号的热继电器还具有断相及电流不平衡运行的保护。

【重要提醒】

热继电器注意与熔断器配合使用。

（2）热继电器的结构型式

热继电器的结构型式主要有双金属片式、热敏电阻式和易熔合金式，见表3-10。

（3）使用与选择

热继电器的热元件与被保护电动机的主电路串联，热继电器的触点串接在接触器线圈所在的控制回路中。

表 3-10 热继电器的结构型式

序 号	结构型式	保护原理
1	双金属片式	利用双金属片受热弯曲，去推动杠杆使触头动作，如图 3-10 所示
2	热敏电阻式	利用电阻值随温度变化而变化的特性制成
3	易熔合金式	利用过载电流发热使易熔合金熔化而使继电器动作

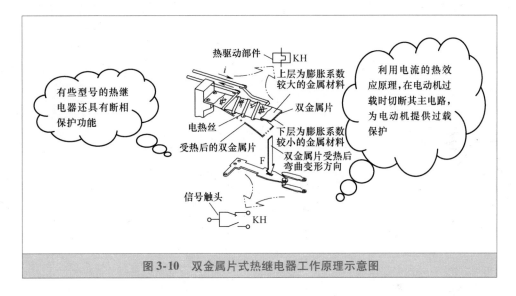

图 3-10 双金属片式热继电器工作原理示意图

1）一般电动机轻载起动或短时工作，可选择二相结构的热继电器；当电源电压的均衡性和工作环境较差或多台电动机的功率差别较显著时，可选择三相结构的热继电器；对于三角形联结的电动机，应选用带断相保护装置的热继电器。

2）热继电器的额定电流应大于电动机的额定电流。

3）一般将整定电流调整到等于电动机的额定电流；对过载能力差的电动机，可将热元件整定值调整到电动机额定电流的 0.6～0.8 倍；对起动时间较长，拖动冲击性负载或不允许停车的电动机，热元件的整定电流应调节到电动机额定电流的 1.1～1.15 倍。绝对不允许弯折双金属片。

> **记忆口诀**
>
> **热继电器**
>
> 主要结构三部分，触点、双片、热元件。
> 串于电机主电路，检测过载或断线。
> 整定电流需调整，动作时刻是关键。
> 保护对象是电机，频繁起动难实现。

6. 时间继电器

（1）功能

时间继电器实质上是一个定时器，在定时信号发出之后，时间继电器按预先设定好的时间、时序延时接通和分断被控电路。简单地说，就是按整定时间长短来通断电路。

（2）种类

按构成原理分：电磁式、电动式、空气阻尼式、晶体管式和数字式。

按延时方式分：通电延时型和断电延时型。

（3）图形符号（见图3-11）

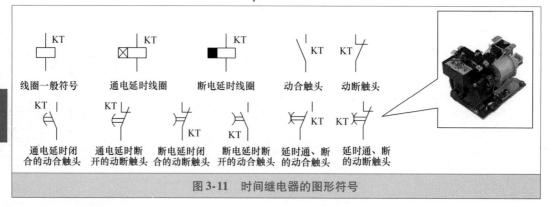

图3-11　时间继电器的图形符号

（4）使用与选用

1）时间继电器的使用工作电压应在额定工作电压范围内。

2）当负载功率大于继电器额定值时，请加中间继电器。

3）严禁在通电的情况下安装、拆卸时间继电器。

4）对可能造成重大经济损失或人身安全的设备，设计时请务必使技术特性和性能数值有足够余量，同时应该采用双重电路保护等安全措施。

3.6　熔断器

1. 熔断器的作用

低压熔断器俗称保险丝，当电流超过限定值时借熔体熔化来分断电路，是一种用于对线路或设备进行过载和短路保护的电器。

【重要提醒】

多数熔断器为不可恢复性产品（可恢复熔断器除外），一旦损坏后应用同规格的熔断器更换。

2. 常用熔断器的结构

常用熔断器有瓷插式、螺旋式、封闭管式和有填料封闭管式四种类型，其结构如图3-12所示。

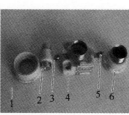

结构简单，成本低，现在很少使用。基本上由1P断路器取代

a）RC1A 系列瓷插式熔断器

1—熔丝　2—动触头　3—瓷盖　4—空腔　5—静触头　6—瓷座

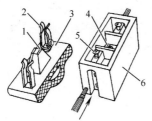

熔断管更换方便，在电力拖动线路中应用广泛

b）RL1系列螺旋式熔断器

1—瓷套　2—熔断管　3—下接线座　4—瓷座　5—上接线座　6—瓷帽

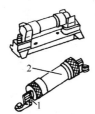
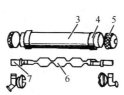

采用变截面的熔片，应用于在 600A 以下的电力线路中

c）RM10系列封闭管式熔断器

1—夹座　2—熔断管　3—钢纸管　4—黄铜套管　5—黄铜帽　6—熔体　7—刀型夹头

具有灭弧功能，应用更安全

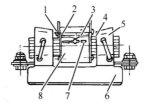

d）RT0系列有填料封闭管式熔断器

1—熔断指示器　2—石英砂填料　3—指示器熔丝　4—夹头
5—夹座　6—底座　7—熔体　8—熔管　9—锡桥

图 3-12　常用熔断器的结构

3. 常用熔断器的特点及应用（见表3-11）

表3-11　常用熔断器的特点及应用

类　型	特　点	应　用	图　示
瓷插式	结构简单、价格低廉、更换方便，使用时将瓷盖插入瓷座，拔下瓷盖便可更换熔丝	额定电压380V及以下、额定电流为5～200A的低压线路末端或分支电路中，作线路和用电设备的短路保护，在照明线路中还可起过载保护作用	
螺旋式	熔断管内装有石英砂、熔丝和带小红点的熔断指示器，石英砂用来增强灭弧性能。熔丝熔断后有明显指示	在交流额定电压500V、额定电流200A及以下的电路中，作为短路保护器件	
封闭管式	熔断管为钢质制成，两端为黄铜制成的可拆式管帽，管内熔体为变截面的熔片，更换熔体较方便	用于交流额定电压380V及以下、直流440V及以下、电流在600A以下的电力线路中	
有填料封闭管式	熔体是两片网状纯铜片，中间用锡桥连接。熔体周围填满石英砂起灭弧作用	用于交流380V及以下、短路电流较大的电力输配电系统中，作为线路及电气设备的短路保护及过载保护	

68

> **记忆口诀**
>
> **熔断器的类型及应用**
> 简易熔断保险丝，发明可是爱迪生。
> 严防死守除故障，超过电流自熔化。
> 常用熔断器四种，居民配电用瓷插。
> 螺旋式的熔断器，机床配电常用它。

> 无填料式熔断器，设备电缆常用它。
>
> 有填料式熔断器，整流元件常用它。

3.7　主令电器

1. 功能及类型

主令电器是用来接通和分断控制电路以发布命令、或对生产过程作程序控制的开关电器。

主令电器包括控制按钮（简称按钮）、行程开关、万能转换开关和主令控制器等。另外，还有踏脚开关、接近开关、倒顺开关、紧急开关、钮子开关等。

2. 按钮开关

按钮开关的结构种类很多，可分为普通揿钮式、蘑菇头式、自锁式、自复位式、旋柄式、带指示灯式、带灯符号式及钥匙式等，有单钮、双钮、三钮及不同组合形式，常用按钮开关如图 3-13 所示。

为了避免误操作，通常将按钮帽做成不同的颜色，以示区别

一般是采用积木式结构，通常做成复合式，有一对动断触头和动合触头

图 3-13　按钮开关

3. 限位开关

限位开关又称位置开关，常用的有两大类：一类为以机械行程直接接触驱动，作为输入信号的行程开关和微动开关；另一类为以电磁信号（非接触式）作为输入动作信号的接近开关，如图 3-14 所示。

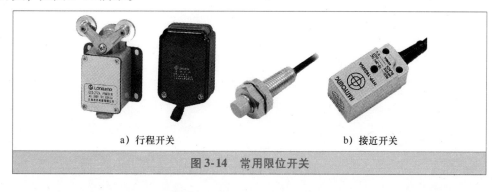

a）行程开关　　　　　　　　　b）接近开关

图 3-14　常用限位开关

4. 万能转换开关

万能转换开关是一种多档位、多段式、控制多回路的主令电器，当操作手柄转动时，带动开关内部的凸轮转动，从而使触头按规定顺序闭合或断开，如图 3-15 所示。

图 3-15 万能转换开关

万能转换开关主要用于各种控制线路的转换，电压表、电流表的换相测量控制，配电装置线路的转换和遥控等。万能转换开关还可以用于直接控制小容量电动机的起动、调速和换向。

第**4**章

常用电子元器件

4.1　电阻器

4.1.1　电阻器简介

1. 电阻器的作用

电阻器是电子电路中最基本、最常用的电子元件。在电路中，电阻器的作用主要是稳定和调节电路中的电流和电压，即起降压、分压、限流、分流、隔离、过滤（与电容器配合）、匹配和信号幅度调节等作用。

2. 普通电阻器的主要参数

电阻器的主要参数有标称阻值（简称阻值）、额定功率和允许偏差等。

常用电阻器的允许偏差为 $\pm 5\%$、$\pm 10\%$、$\pm 20\%$。精密电阻器的允许偏差要求很高，如 $\pm 1\%$、2% 等。

3. 普通电阻器的标注方法

电阻器的标识方法主要有直标法、数标法和色标法三种。

（1）直标法

直标法是指将电阻器的类别、标称电阻值、允许偏差、额定功率及其他参数的数值等直接标注在电阻器的表面。也有的用数字加字母符号（Q、Ω、k、M）或两者有规律的组合来表示电阻器的阻值，其中字母符号前面的数字表示阻值的整数部分，字母符号后面的数字表示阻值的小数部分。如"6Ω8"，表示阻值为 6.8Ω；"3k9"表示该电阻阻值为 3.9kΩ，如图 4-1 所示。

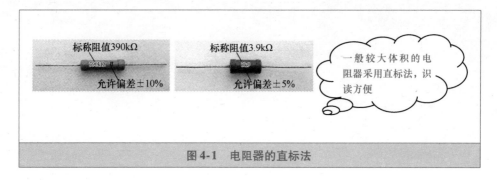

图 4-1　电阻器的直标法

（2）数标法

数标法主要用三位数表示阻值，前两位表示有效数字，第三位数字是倍率。如电阻上标注"ABC"，表示其阻值为 $AB \times 10^C$，其中，"C"如果为 9 时，则表示 -1。

另外，可调电阻在标注阻值时，也常用两位数字表示。第一位表示有效数字，第二位表示倍率。如某电阻器标注为"24"，则表示 $2 \times 10^4 = 20kΩ$。

（3）色标法

用色标法的电阻器，在电阻器上印有 4 道或 5 道色环表示阻值等，阻值的单位为 Ω。对于 4 环电阻器，紧靠电阻器端部的第 1、2 环表示两位有效数字，第 3 环表示倍乘数，第 4 环表示允许偏差。对于 5 环电阻器，第 1、2、3 环表示三位有效数字，第 4 环表示倍乘数，第 5 环表示允许偏差。色环电阻器的标注法如图 4-2 所示。

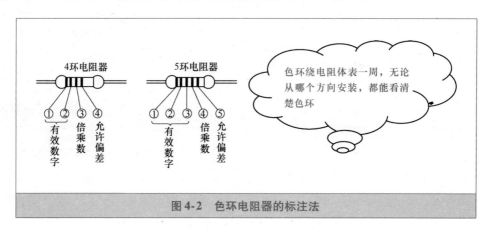

图 4-2　色环电阻器的标注法

【重要提醒】

电阻器的种类很多，其共性是都是两个引脚，两个引脚在电路中使用不分极性。

4.1.2　色环电阻器的识读

1. 色环的含义

电阻器采用色标法时，每种颜色所对应的数字在国际上是统一的，见表 4-1。

表 4-1 色环颜色的含义

颜 色	黑	棕	红	橙	黄	绿	蓝	紫	灰	白	金	银
含义 1	0	1	2	3	4	5	6	7	8	9	−1	−2
含义 2		±1%									±5%	±10%

> **记忆口诀**
>
> **色环的含义**
>
> 1、2、3、4、5，棕红橙黄绿，
> 6、7、8、9、0，蓝紫灰白黑。
> 金 5 银 10 表误差，读准色环就计算。

提醒：表 4-1 很重要，一定要熟记！

2. 色环电阻器的识读方法

（1）四色环电阻的识读

四色环电阻用 3 个色环来表示阻值（前 2 个色环表示有效值，第 3 个色环表示倍率），第 4 个色环表示误差，如图 4-3 所示。

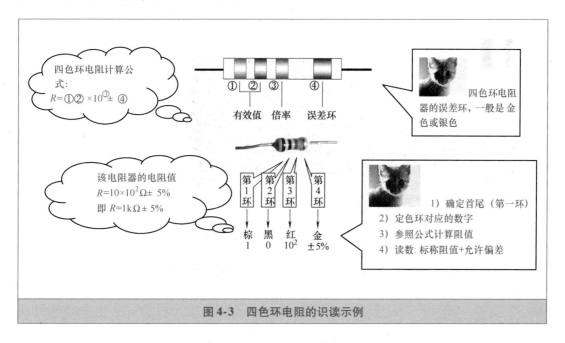

图 4-3 四色环电阻的识读示例

（2）五色环电阻器的识读

五环电阻用 4 个色环表示阻值（前 3 个色环表示有效值，第 4 个色环表示倍率），第 5 个色环表示误差，如图 4-4 所示。

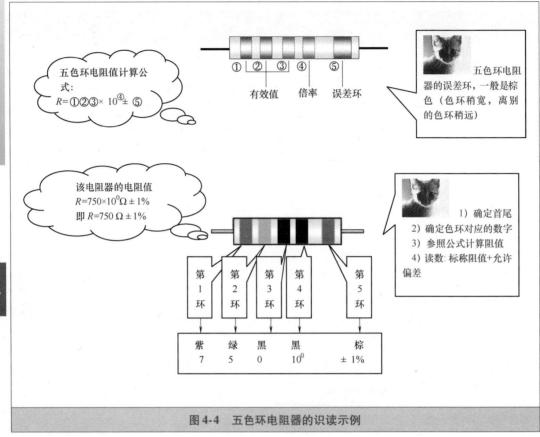

五色环电阻值计算公式：
$$R = ①②③ \times 10^④ \pm ⑤$$

有效值　倍率　误差环

五色环电阻器的误差环，一般是棕色（色环稍宽，离别的色环稍远）

该电阻器的电阻值
$R = 750 \times 10^0 \Omega \pm 1\%$
即 $R = 750 \Omega \pm 1\%$

1) 确定首尾
2) 确定色环对应的数字
3) 参照公式计算阻值
4) 读数: 标称阻值+允许偏差

第1环	第2环	第3环	第4环	第5环
紫	绿	黑	黑	棕
7	5	0	10^0	$\pm 1\%$

图 4-4　五色环电阻器的识读示例

【重要提醒】

表示允许误差的色环比别的色环稍宽，离别的色环间隔比较大。四色环电阻，最后一环误差环一般是金色或银色。常见的五色环电阻，最后一环一般是棕色。

棕色环既可以做误差环，又常作为有效数字环，且有时在第一环和最末一环中同时出现。我们可以根据色环间的间隔加以判别，如图 4-5 所示。

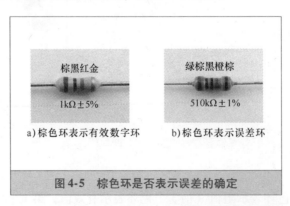

棕黑红金
1kΩ±5%

绿棕黑橙棕
510kΩ±1%

a) 棕色环表示有效数字环　　　b) 棕色环表示误差环

图 4-5　棕色环是否表示误差的确定

一般色环电阻不超过几十 MΩ，读出的阻值应属于标称阻值系列，见表 4-2。

表 4-2 色环电阻标称阻值系列

允许误差	标称阻值系列							
E24 系列 ±5%	1.0	1.1	1.2	1.3	1.5	1.6	1.8	2.0
	2.2	2.4	2.7	3.0	3.3	3.6	3.9	4.3
	4.7	5.1	5.6	6.2	6.8	7.5	8.2	9.1
E12 系列 ±10%	1.0	1.2	1.5	1.8	2.2	2.7	3.3	3.9
	4.7	5.6	6.8	8.2	9.1			
E6 系列 ±20%	1.0	1.5	2.2	3.3	4.7	6.8		

4.1.3 电阻器的测量

下面介绍指针式万用表测量电阻器的方法。

1. 量程的选择

先粗略估计所测电阻阻值，再选择合适量程，如果被测电阻不能估计其值，一般情况将开关拨在 $R \times 100$ 或 $R \times 1k$ 的位置进行初测，然后看指针是否停在中线附近，如果是，说明档位合适。

2. 欧姆调零

量程选准以后，在正式测量之前必须进行**欧姆调零**（见图4-6），否则测量值有误差。

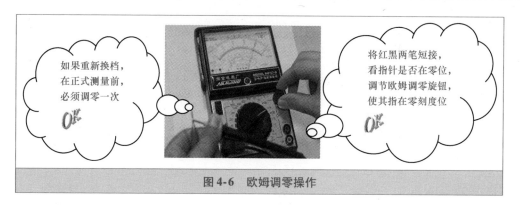

图 4-6 欧姆调零操作

3. 测量

万用表两表笔并接在所测电阻器的两端进行测量。注意手不能同时触及电阻器的两个引脚端，否则会产生测量误差，如图 4-7 所示。

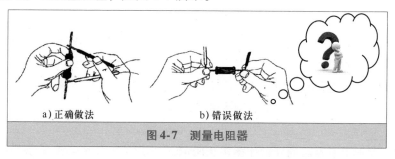

图 4-7 测量电阻器

4. 读取电阻值

电阻值的计算公式为

$$电阻值 = 刻度值 \times 倍率$$

如图 4-8 所示，指示的刻度是 18，倍率档是 10k，阻值 $= 18 \times 10k = 180k\Omega$。

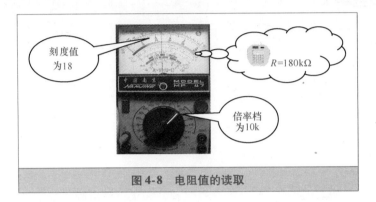

刻度值
为18

$R=180k\Omega$

倍率档
为10k

图 4-8　电阻值的读取

5. 档位复位

将档位开关打在 OFF 位置或打在交流电压 1000V 档。

记忆口诀

电阻器的检测

指针表测电阻器，选好档位测阻值。

表笔短接先调零，双手莫触电阻体。

开路测量最有效，在路测量先脱锡。

测量数值乘倍率，即为实际电阻值。

阻值为零、无穷大，击穿、断路应抛弃。

4.2　电容器

4.2.1　电容器简介

1. 电容器的作用

电容器是一种主要针对交流信号进行处理的元件，在电子电路中的用量仅次于电阻器。电容器通常简称为电容，用字母 C 表示。

电容器具有隔直通交的特性，在电路中主要用于滤波、调谐、耦合、旁路、定时及延时等。在直流电路中，电容器一般相当于断路的。

2. 常用电容器

电子设备中常用电容器的外形如图 4-9 所示。

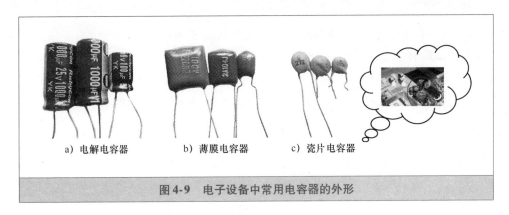

a) 电解电容器　　　b) 薄膜电容器　　　c) 瓷片电容器

图4-9　电子设备中常用电容器的外形

单相电动机常用电容器的外形如图4-10所示。

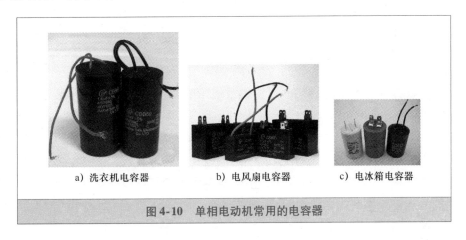

a) 洗衣机电容器　　　b) 电风扇电容器　　　c) 电冰箱电容器

图4-10　单相电动机常用的电容器

电力系统常用电容器的外形如图4-11所示。

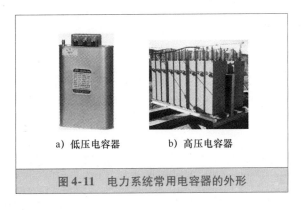

a) 低压电容器　　　b) 高压电容器

图4-11　电力系统常用电容器的外形

3. 电容器的容量标注法

电容器的容量标注法有直标法、数字标注法、数字与字母混合标注法和色标法四种。

(1) 直标法

将电容器的主要参数（标称容量、额定电压、及允许偏差）直接标注在电容器上，如图4-12所示。

（2）数字标注法

一般是用三位数字表示电容器的容量。其中前两位为有效值数字，第 3 位为倍乘数（即表示有效值后有多少个 0），如图 4-13 所示。对电解电容器，单位采用 μF；对非电解电容器，单位采用 pF。如在非电解电容器标注数字 100，表示为 $10 \times 100 = 10\text{pF}$；标注 223 表示 $0.022\mu\text{F}$。在电解电容器上标注 010，表示为 $01 \times 100 = 1\mu\text{F}$。

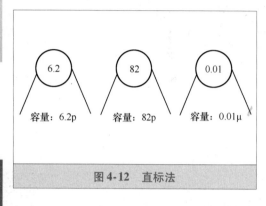

图 4-12　直标法

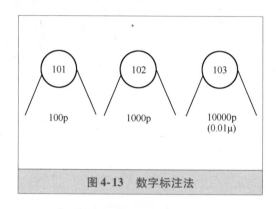

图 4-13　数字标注法

也有四位数表示电容器的容量。当用整数表示时，单位为 pF；用小数表示时，单位为 μF。如 2200 表示 2200pF，0.047 表示 0.047μF。

【重要提醒】

三位数表示法在识读时要注意倍乘，四位数表示法在识读时要注意容量的单位。

（3）字母与数字混合标注法

用 2 ~ 4 位数字表示有效值，用 p、n、m、μ、G、M 等字母表示有效数后面的量级。进口电容器在标注数值时不用小数点，而是将整数部分写在字母之前，将小数部分写在字母后面。如 4p7 表示 4.7pF；3m3 表示 3300μF；104K 表示容量 0.1μF，容量允许偏差为 ±10%；331J 字表示 330pF，误差 ±5%；6p8 表示 6.8pF；p3 表示 0.3pF；5μ9 表示 5.9μF；5m9 表示 5900μF；3F3 表示 3.3F。

国外部分厂家的电容器耐压值通常用字母来表示基数，常见的代码和基数对应关系见表 4-3。字母前面的数表示 10 的幂，比如 2A，即为 $1.0 \times 10^2 = 100\text{V}$，2C 为 $1.6 \times 10^2 = 160\text{V}$ 等；耐压值后方的字母表示电容容量，单位为 pF。

表 4-3　电容器耐压值字母表示法

字母	A	B	C	D	E	F	G
基数	1.0	1.25	1.6	2.0	2.5	3.15	4.0
字母	H	J	K	Z			
基数	5.0	6.3	8.0	9.0			

如图 4-14 所示，电容器标注为 "224J/160V"，表示电容量为 $22 \times 10^4\text{pF} = 0.22\mu\text{F}$，允许误差为 J 级（±5%），额定工作耐压为 160V。电容器标注为 "2A104J"，表示电容量为 100000pF，额定工作耐压为 100V，允许偏差为 ±5%。

图 4-14 数字与字母混合标注法举例

（4）色标法

色标法有多种不同形式，除五色标法外，如仅标出三色条，前两色条表示有效值，第三色条表示倍乘数，这种表示方法不标出容量偏差。若有一某色条宽度为其他色条的两倍，则表示重复数。色标法单位采用 pF，读取顺序为，由左到右、或由上到下，如图 4-15 所示。

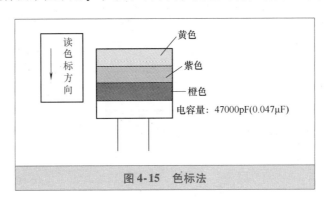

图 4-15 色标法

【重要提醒】

电容器最主要的参数有标称容量、允许偏差和额定工作电压，这些参数一般直接标注在电容器的外壳上。电容器允许偏差的标注方法见表 4-4。

表 4-4 电容器允许偏差的标注方法

标注方法	罗马数字标注			字母标注					
	I	II	III	D	F	G	J	K	M
允许偏差（%）	±5	±10	±20	±0.5	±1	±2	±5	±10	±20

4.2.2 电容器的检测

1. 指针式万用表测电容

用指针式万用表测量电容器的质量好坏，就是对电容器充放电规律的应用，具体方法见表 4-5 和表 4-6。

表4-5 指针式万用表检测无极性电容器的方法

接线示意图	表头指针指示	说　明
$R \times 10k$ 测量 0.01μF 以下的电容器		由于容量小，充电电流小，现象不明显，指针向右偏转角度不大，阻值为无穷大
		如果测出阻值为（指针向右摆动）为零，则说明电容漏电损坏或击穿
$R \times 10k$ 0.01μF 以上的电容器		容量越大，指针偏转角度越大，向左返回也越慢
		如果指针向右偏转后不能返回，说明电容器已经短路损坏；如果指针向右偏转，然后向左返回稳定值后，阻值小于 500kΩ，说明电容器绝缘电阻太小，漏电电流较大，也不能使用

表4-6 指针式万用表检测有极性电容器的方法

接线示意图	表头指针指示	说　明
	不接万用表	检测前，先将电容器的两引脚短接，以放掉电容内残余的电荷
有极性（电解）电容器质量检测		黑表笔接电容器的正极，红表笔接电容的负极，指针迅速向右偏转，而且电容量越大，偏转角度越大，若指针没有偏转，说明电容器开路失效
		指针到达最右端之后，开始向左偏转，先快后慢，表头指针向左偏到接近电阻无穷大处，说明电容器质量良好。指针指示的电阻值为漏电阻值。如果指示的值不是无穷大，说明电容器质量有问题。若阻值为零，说明电容器已经击穿
电解电容器极性判断		若电解电容器的正、负极性标注不清楚，用万用表 $R \times 1k$ 挡可以将电容器正、负极性判定出来。方法是先任意测量漏电电阻，记住大小，然后交换表笔再测一次，比较两次测量的漏电电阻的大小，漏电电阻大的那一次黑表笔接的就是电容器正极，红表笔为负极

2. 数字万用表测电容

（1）用电容档直接检测

某些数字万用表具有测量电容的功能，其量程分为 2000p、20n、200n、2μ 和 20μ 五档。测量时可将已放电的电容两引脚直接插入表板上的 Cx 插孔，选取适当的量程后就可读取显示数据。

2000p 档，宜于测量小于 2000pF 的电容；20n 档，宜于测量 2000pF ~ 20nF 之间的电容；200n 档，宜于测量 20 ~ 200nF 之间的电容；2μ 档，宜于测量 200nF ~ 2μF 之间的电容；20μ 档，宜于测量 2 ~ 20μF 之间的电容。

（2）用电阻档检测

实践证明，利用数字万用表也可观察电容器的充电过程，这实际上是以离散的数字量反映充电电压的变化情况。设数字万用表的测量速率为 n 次/s，则在观察电容器的充电过程中，每秒钟即可看到 n 个彼此独立且依次增大的读数。根据数字万用表的这一显示特点，可以检测电容器的好坏和估测电容量的大小。下面介绍的是使用数字万用表电阻档检测电容器的方法，对于未设置电容档的仪表很有实用价值。此方法适用于测量 0.1μF ~ 几千微法的大容量电容器。

操作方法：将数字万用表拨至合适的电阻档，红表笔和黑表笔分别接触被测电容器 Cx 的两极，这时显示值将从 "000" 开始逐渐增加，直至显示溢出符号 "1"。若始终显示 "000"，说明电容器内部短路；若始终显示溢出，则可能时电容器内部极间开路，也可能时所选择的电阻档不合适。检查电解电容器时需要注意，红表笔（带正电）接电容器正极，黑表笔接电容器负极。

4.3　电感器

4.3.1　电感器简介

1. 什么是电感器

电感器就是由绝缘导线绕制而成的线圈，因此又叫电感线圈，简称电感。

为了获得不同的电感量，电感有的是空心线圈，有的是带有铁心的线圈，有的是环形线圈。在电感线圈外加不同的封装，就形成了大大小小、各种形状的电感器，如图 4-16 所示。

图 4-16　常用电感元件的外形

2. 电感器的用途

电感器是电路的基本元件之一，如图 4-17 所示。它在电路中常用来阻流、滤波、耦合、选频、振荡、延迟等。

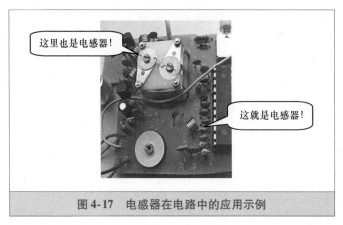

这里也是电感器！

这就是电感器！

图 4-17　电感器在电路中的应用示例

3. 电感器的种类（见表 4-7）

表 4-7　电感器的种类

分类方法	种　类	说　明
按结构分	线绕式电感、非线绕式电感（多层片状、印制电感等）	按贴装方式可分为贴片式电感和插件式电感。电感器有外部屏蔽的称为屏蔽电感，线圈裸露的一般称为非屏蔽电感
按工作频率分	高频电感、中频电感和低频电感	高频电感在技术上差距较大，许多厂商的产品不成熟；空心电感、磁心电感和铜心电感一般为中频或高频电感；铁心电感器多数为低频电感
按用途分	振荡电感、校正电感、显像管偏转电感、阻流电感、滤波电感、隔离电感、补偿电感	滤波电感可分为电源（工频）滤波电感和高频滤波电感等

4. 电感的主要参数

（1）电感量

电感量也称自感系数，是表示电感器产生自感应能力的一个物理量。电感量常用的单位有亨（H）、毫亨（mH）、微亨（μH）、纳亨（nH），它们的换算关系是

$$1H = 10^3 mH；1mH = 10^3 \mu H；1\mu H = 10^3 nH$$

电感量一般标注在电感器的外壳上，如图 4-18 所示。

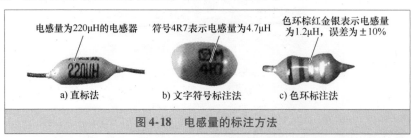

电感量为 220μH 的电感器　　符号 4R7 表示电感量为 4.7μH　　色环棕红金银表示电感量为 1.2μH，误差为 ±10%

a) 直标法　　　b) 文字符号标注法　　　c) 色环标注法

图 4-18　电感量的标注方法

电感量的大小，主要取决于线圈的圈数（匝数）、绕制方式、有无磁心及磁心材料等因素，见表4-8。

表4-8　影响电感量的因素

序　号	影响因素	说　明
1	匝数和绕制方式	线圈的圈数越多，电感量越大；绕制的线圈越密集，电感量就越大
2	导线横截面积	绝缘导线越粗，绕组的线圈电感量越大
3	有无铁心及铁心的材料	有铁心的线圈，比无铁心的线圈，电感量大；铁心磁导率越大的线圈，电感量也越大

（2）允许误差

电感上标称的电感量与实际电感的允许误差值称为允许偏差。

一般用于振荡或滤波等电路中的电感要求精度较高，允许偏差为 ±0.2% ～ ±0.5%；而用于耦合、高频阻流等线圈的精度要求不高，允许偏差为 ±10% ～15%。

（3）额定电流

电感在正常工作时允许通过的最大电流值称为额定电流。若电感是工作电流超过额定电流时，电感器就会因发热而使性能参数发生改变，甚至还会因过电流而烧毁。

（4）品质因数

品质因数也称 Q 值，是衡量电感质量的主要参数。它是指电感器在某一频率的交流电压下工作时，所呈现的感抗与其等效损耗电阻之比。电感器的 Q 值越高，其损耗越小、效率越高。

（5）分布电容

电感线圈的匝与匝之间、线圈与磁心之间存在的电容叫电感器的分布电容。电感的分布电容越小，其稳定性越好。

5. 电感器的特性

电感器的特性恰恰与电容的特性相反，它具有阻止交流电通过而让直流电通过的特性。此外，电感器还具有感抗特性、电励磁特性、磁励电特性和线圈中电流不能发生突变特性。电感器的主要特性见表4-9。

表4-9　电感器的主要特性

电感器的主要特性	特性说明
通直阻交特性	电感器能让直流电流通过，对交流电流存在感抗的阻碍作用
感抗特性	电感器的感抗与频率和电感量成正比
电励磁特性	无论是直流电还是交流电流过线圈时，在线圈内部和外部周围要产生磁场
磁励电特性	当通过线圈的磁通量在改变时，线圈在磁场的作用下要产生感生电动势
线圈中电流不能发生突变特性	流过线圈的电流大小发生改变时，线圈两端会产生反向电动势，这一反向电动势不让线圈中的电流发生改变

【知识窗】

感抗：

交流电也可以通过线圈，但是线圈的电感对交流电有阻碍作用，这个阻碍叫做感抗。电感量越大，电感的阻碍就越大；交流电的频率高，也难以通过线圈，电感的阻碍作用也大。

感抗用符号 X_L 表示，单位是 Ω。感抗 X_L 与电感量 L 和交流电频率 f 的关系为

$$X_L = 2\pi f L$$

在实际应用中，电感具有"通直流、阻交流"或"通低频、阻高频"的作用，因而在交流电路中常应用感抗的特性来旁通低频及直流电，阻止高频交流电。

4.3.2 电感器的标注与检测

1. 电感器的标注方法

（1）直接标注法

电感器一般都采用直标法，就是将标称电感量用数字直接标注在电感器的外壳上，同时还用字母表示电感器的额定电流、允许误差，如图4-19所示。小型固定电感一般均采用这种数字与符号直接表示其参数的方法。

例：电感器外壳上标有 C、Ⅱ、470μH，表示电感器的电感量为 470μH，最大工作电流为 300mA，允许误差为 ±10%。

（2）色标法

色环标注在电感器的外壳上，其标注方法同电阻的标注方法一样，单位为 μH，如图4-20所示。第一个色环表示第一位有效数字，第二个色环表示第二位有效数字，第三个色环表示倍乘数，第四个色环表示允许误差。色环颜色的含义同电阻器一致，请见表4-1。

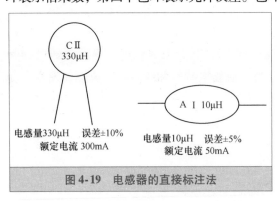

图 4-19 电感器的直接标注法

图 4-20 电感器的色标法

例：某电感器的色环依次为蓝、绿、红、银，表明此电感器的电感量为 6500μH，允许误差为 ±10%。

2. 电感器的简易测试

检测电感器质量需用专用的电感测试仪，在一般情况下，可用万用表测量来判断电感的好坏。

（1）指针式万用表检测电感器

1）万用表的档位选择"$R \times 10$"档，然后对万用表进行欧姆调零校正。

2）万用表的两支表笔分别接触电感器的两个引脚。此时，即会测得当前电感器的阻值。在正常情况下，应能够测得一个固定的阻值，如图 4-21 所示。

根据检测电阻值大小，可以简单判别电感器的质量。正常情况下，电感器的直流电阻很小（有一定阻值，最多几欧姆）。若万用表读数偏大或为无穷大，则表示电感器损坏。若万用表读数为零，则表明电感器已短路。

（2）数字万用表检测电感器

选择数字万用表的二极管档（蜂鸣档），把表笔放在两引脚上，看万用表显示器上的数值。对于贴片电感器，此时的读数应为趋近于 0，如图 4-22 所示；若万用表读数偏大或为无穷大，则表示电感器损坏。对于电感线圈匝数较多、线径较细的线圈，读数会达到几十甚至几百。

图 4-21　指针式万用表检测滤波电感器

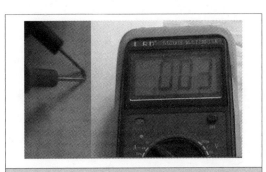

图 4-22　数字万用表检测贴片电感器

【重要提醒】

准确测量电感线圈的电感量和品质因数，可以使用万能电桥或 Q 表。采用具有电感档的数字万用表检测电感很方便。电感是否开路或局部短路，以及电感量的相对大小可以用万用表作出粗略检测和判断。测量时，用手指接触线圈引脚对测量结果影响很小，可以忽略不计。

若电感线圈不是严重损坏，而又无法确定时，可用电感表测量其电感量或用替换法来判断。

> **记忆口诀**
>
> **电感器的检测**
>
> 检测电感诸参数，需要专门的仪器。
> 一般判断好与坏，万用表测电阻值，
> 阻值很大已断路，阻值很小是优异。
> 因为电感电阻小，手碰引脚可不计。

4.4　二极管

4.4.1　二极管简介

1. 二极管的结构

二极管均指晶体二极管，是由一个 PN 结加上相应的电极引线和管壳构成的。由 P 区引出的电极称为阳极或正极，由 N 区引出的电极称为阴极或负极，二极管的结构及符号如图 4-23 所示。

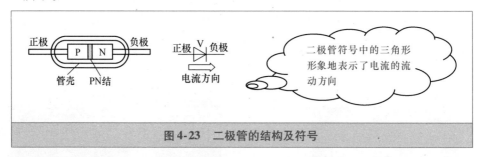

图 4-23　二极管的结构及符号

常用二极管有点接触型、面接触型和平面型，其结构如图 4-24 所示。

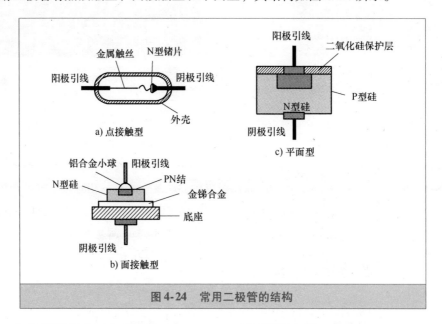

图 4-24　常用二极管的结构

2. 二极管的特性及工作状态

二极管具有单向导电性。加正向电压时导通，呈现很小的正向电阻，如同开关闭合；加反向电压时截止，呈现很大的反向电阻，如同开关断开。

【重要提醒】

二极管共有**两种**工作状态：导通和截止。二极管导通与截止有一定的工作条件。其导通条件有两个：一是加正向偏置电压；二是正向偏置电压达到一定程度（硅二极管为0.6V，锗二极管为0.2V）。

3. 二极管的种类

二极管的种类很多，一般有三种分类方式，见表4-10。

表4-10 二极管的种类

划分方法及种类		说 明
按材料分	锗管	锗材料二极管
	硅管	硅材料二极管，这是最常用的二极管
按功能及原理分	普通二极管	常用的二极管
	整流二极管	专门用于整流的二极管
	发光二极管	能够发出可见光，专门用于指示信号；近年来的新型发光二极管（LED）可用于照明
	稳压二极管	专门用于直流稳压的二极管
	光敏二极管	对光有敏感作用的二极管
按封装材料分	塑料封装二极管	中小功率的二极管基本上采用这种封装材料
	金属封装二极管	大功率的二极管基本上采用金属材料封装
	玻璃封装二极管	检波二极管等采用这种封装材料

【重要提醒】

二极管不仅种类多，而且实物外形差异也大，如图4-25所示。

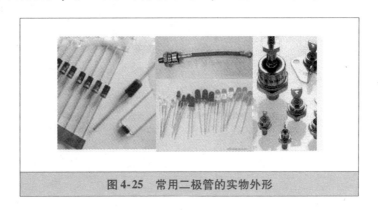

图4-25 常用二极管的实物外形

【知识窗】

二极管的参数：

用来表示二极管的性能好坏和适用范围的技术指标，称为二极管的参数。不同类型的二极管有不同的特性参数。整流二极管的最重要参数见表4-11。

表 4-11　整流二极管的最重要参数

序　号	技术参数	参数含义	说　明
1	最大整流电流	指管子长期运行时，允许通过的最大正向平均电流	电流通过 PN 结要引起管子发热，电流太大，发热量超过限度，就会使 PN 结烧坏
2	额定正向工作电流	指二极管长期连续工作时允许通过的最大正向电流值	电流通过管子时会使管芯发热，温度上升，温度超过容许限度（硅管为 140℃ 左右，锗管为 90℃ 左右）时，就会使管芯过热而损坏
3	最高反向工作电压	工作时允许加在二极管两端的反向电压值	加在二极管两端的反向电压高到一定值时，会将管子击穿，失去单向导电能力
4	反向电流	指二极管在规定的温度和最高反向电压作用下，管子未击穿时流过二极管的反向电流	反向电流越小，管子的单方向导电性能越好值得注意的是反向电流与温度有着密切的关系，大约温度每升高 10℃，反向电流增大一倍

4.4.2　二极管的识别与检测

1. 二极管的极性识别

1）小功率二极管的 N 极（负极），在二极管外表大多采用一种色环标出来；有些二极管也用二极管专用符号来表示 P 极（正极）或 N 极（负极），如图 4-26 所示；也有采用字母标注为 "P"、"N"，来确定二极管极性的。

2）发光二极管的正负极可从引脚长短来识别，长脚为正，短脚为负，如图 4-27 所示。

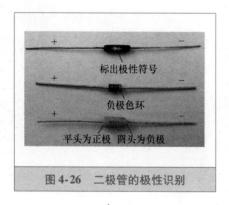

图 4-26　二极管的极性识别

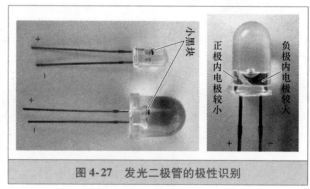

图 4-27　发光二极管的极性识别

2. 二极管的型号识别

二极管的型号命名分为五个部分（也有省掉第 5 部分）：

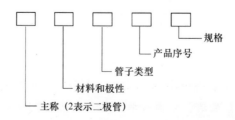

规格

产品序号

管子类型

材料和极性

主称（2表示二极管）

第 1 部分：国产二极管用数字"2"表示主称为二极管。国外的有用"1"代表二极管，"2"代表三极管。

第 2 部分：用字母表示二极管的材料与极性（A—锗 N 型；B—锗 P 型；C—硅 N 型；D—硅 P 型）。

第 3 部分：用字母表示二极管的类别（P—普通型；V—混频检波管；W—稳压管；Z—整流管；L—整流堆；S—隧道管；N—阻尼管；U—光敏管）。

第 4 部分：用数字表示序号。

第 5 部分：用字母表示二极管的规格号。

例如：二极管的型号为 2AP9，其中，"2"表示二极管，"A"表示 N 型锗材料，"P"表示普通型，"9"表示序号。

【重要提醒】

目前使用的国外二极管产品，凡型号以"1N"开头的二极管采用的是美国命名法，如 1N4007；以"1S"开头的采用的是日本命名法，如 1S1885。

【知识窗】

二极管的选用：

1）在选用器件和设计电路时，应全面兼顾二极管的四个最主要参数。

2）二极管的技术参数可以从晶体管手册中查找，它是正确使用二极管器件的依据。在实际应用中，不允许二极管的实际工作电流超过最大整流电流。否则，二极管就有可能过热而烧坏 PN 结，使管子永久损坏。

3）大电流的二极管要求使用散热片，若散热片不符合要求或环境温度过高，实际工作电流要比二极管的最大整流电流小得多才能安全工作。同时，温度升高，二极管的反向电流急剧增大，反向电流增大会造成二极管热击穿，所以使用二极管一定要注意温度的影响。

4）晶体管手册中规定的最大反向工作电压是反向击穿电压的 $1/2 \sim 1/3$。

5）硅管和锗管在特性上有一定差异，一般不宜互相代用。

3. 指针式万用表检测二极管

（1）整流二极管的检测

根据二极管的单向导电特性，用万用表检测二极管时，先把万用表量程开关拨到 $R \times 100$ 或 $R \times 1\mathbf{k}$ 档（注意不要使用 $R \times 1$ 档和 $R \times 10\mathbf{k}$ 档，以免电流过大击穿二极管），再将红、黑两根表笔短路，进行欧姆调零。

指针式万用表的黑表笔（表内电池的正极）接二极管的正极，红表笔（表内电池的负极）接二极管的负极，测量的是二极管的正向电阻（正常情况下，其电阻值为几千欧姆）。将红、黑表笔对调，测量的是二极管的反向电阻（正常情况下，其电阻值为无穷大），如图 4-28 所示。

在两次测量的结果中，有一次测量出的阻值较大（为反向电阻），一次测量出的阻值较小（为正向电阻）。在阻值较小的一次测量中，黑表笔接的是二极管的正极，红表笔接

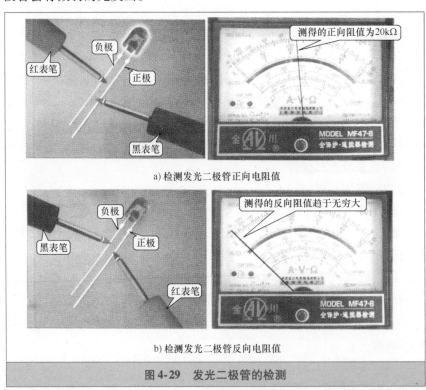

图4-28　指针式万用表检测整流二极管

的是二极管的负极。

【重要提醒】

若测得二极管的正、反向电阻值均为无穷大，则说明该二极管已开路损坏；若测得二极管的正、反向电阻值均为零，则说明该二极管已击穿损坏。

（2）发光二极管的检测

对于发光二极管，用万用表的 $R×1k$ 档进行测量时，也应具备整流二极管的特点，但其正向电阻比普通二极管的正向电阻大一些，如图4-29所示。另外，在正向测量时，许多发光二极管会有微弱的光发出。

红表笔　负极　正极　测得的正向阻值为20kΩ　黑表笔

MODEL MF47-8

a）检测发光二极管正向电阻值

负极　测得的反向阻值趋于无穷大　黑表笔　正极　红表笔

MODEL MF47-8

b）检测发光二极管反向电阻值

图4-29　发光二极管的检测

记忆口诀

二极管的检测

单向导电二极管，一个正极一负极。

正反两次比阻值，一大一小记仔细。

阻值小者看表笔，红负黑正定电极。

两次电阻相差大，表明性能是优异。

两次电阻无穷大，内部断路应该弃。

两次电阻均为零，表明内部已被击。

两次电阻相接近，内部失效很不利。

类型不同换档位，表内电压要注意。

换档测量值不一，相差悬殊不为奇。

检测发光二极管，可串电阻加电池。

【重要提醒】

有一些发光二极管因发光电流要求较大，故用万用表测量时，看不到有光发出，若用两节 1.5V 电池串联起来，经 1kΩ 电阻向发光二极管提供正向导通电流，发光二极管便会发光。

4. 数字万用表检测普通二极管

数字万用表检测普通二极管时，将转换开关置于"—▷|—"档或"—▷|—刀"档，红表笔接被测二极管的正极，黑表笔接测二极管的负极，此时显示屏所显示的就是被测二极管的正向压降。具体方法见表 4-12。

表 4-12　数字万用表检测二极管的好坏

接线示意图	显示屏显示	说　明
测正向电压	0.580	如果被测二极管是好的，正偏时，硅二极管应有 0.5～0.7V 的正向压降，锗二极管应有 0.1～0.3V 的正向压降
	0.000	表明被测二极管已经击穿短路
	1.	表明被测二极管内部已经开路

（续）

接线示意图	显示屏显示	说　明
测反向电压	1.	反偏时，硅二极管与锗二极管均显示溢出符号"1"
	1.	若正反向均显示溢出符号"1"，表明被测二极管内部已经开路

4.4.3　常用二极管及应用

1. 整流二极管

整流二极管用于在开关频率不高（1kHz以下）的整流电路中，把**交流电变成脉动的直流电**。

在二极管整流电路中，有把两个二极管做成半桥式整流封装起来使用的，也有把四个二极管做成桥式整流封装起来使用的，还有专门用于高压、高频整流电路的高压整流堆，如图4-30所示。

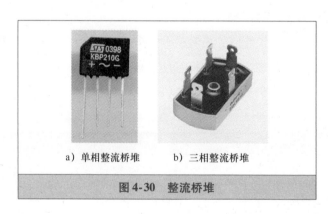

a）单相整流桥堆　　　b）三相整流桥堆

图4-30　整流桥堆

2. 稳压二极管

稳压二极管是利用二极管反向击穿时其两端电压基本保持不变的特性制成的。**利用稳压管的稳压特性可以组成最简单的稳压电路**，如图4-31所示。VS为稳压管，在电路中起稳压作用。R为限流电阻，在电路中起降压作用，同时可以限制负载电流，当流过负载的电流超过R允许的最大电流时，R会烧断。

【重要提醒】

稳压二极管在正常工作时，要求输入电压相对稳定在一定范围内，电压变化幅度不能超过其允许范围。当输入电压超过一定值，将会使稳压管损坏；而当输入电压小于稳压二极管的稳压范围时，电路将达不到预期的稳压目的。

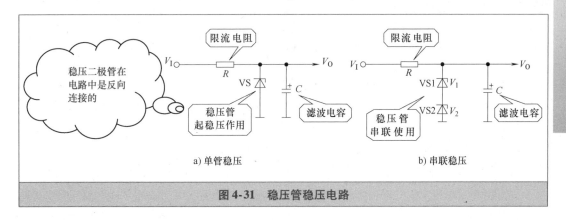

图 4-31　稳压管稳压电路

3. 发光二极管（LED）

发光二极管可以**把电能转化为光能**，一旦满足其正向导通的条件，能发出红、绿、蓝、黄等颜色的光，通常用于做电气设备的指示灯，用于特殊场合的微光照明，如图 4-32 所示。目前，LED 发出的光已遍及可见光、红外线及紫外线，光亮度也有相当的提高。其用途随着白光发光二极管的出现而逐渐发展至被用作室内照明，它将是未来白炽灯替代产品。目前，市场已有很多规格的 LED 灯可供用户选购了。

发光二极管**正向工作电压一般在 1.2 ~ 2V，允许通过的电流为 2 ~ 20mA**。

4. 光敏二极管

光敏二极管也称为光电二极管，是一种将**光信号转换为电信号**的半导体器件，如图 4-33 所示。在光敏二极管的外壳上有一个透明的窗口，用来接收光线照射，实现光电转换。

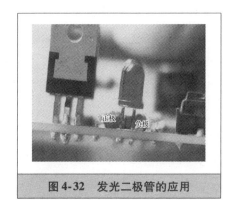

图 4-32　发光二极管的应用

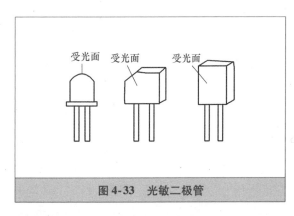

图 4-33　光敏二极管

光敏二极管一般作为光电检测器件，将光信号转变成电信号，这类器件应用非常广泛。例如，应用于光的测量、光电自动控制、光纤通信的光接收机中等。光电二极管在消费电子产品，例如 CD 播放器、烟雾探测器以及控制电视机、空调的红外线遥控设备中也有应用。大面积的光电二极管可用做能源，即光电池。

4.5 晶体管

4.5.1 晶体管简介

1. 晶体管的作用

晶体管也称为半导体三极管或俗称三极管，是能起电流放大、振荡或开关等作用的半导体电子器件。

晶体管的主要作用是放大信号，用晶体管组成的电路可以放大电流、电压、功率等。

2. 晶体管的类型及结构

晶体管有 2 个 PN 结，3 个区，3 个电极，如图 4-34 所示。PNP 型晶体管是因其半导体排列顺序为 P-N-P 而得名，它的中间层为 N 型半导体，上下层为 P 型半导体。同理，NPN 型晶体管的中间层为 P 型半导体，上下层为 N 型半导体。

晶体管的种类很多，见表 4-13。

表 4-13　晶体管的类型

分类方法	类型
按照结构工艺分	PNP 型、NPN 型
按照制造材料分	锗管、硅管
按照工作频率分	低频管、高频管
按照允许耗散的功率大小分	小功率管、中功率管、大功率管
按照用途不同分	普通放大晶体管、开关晶体管

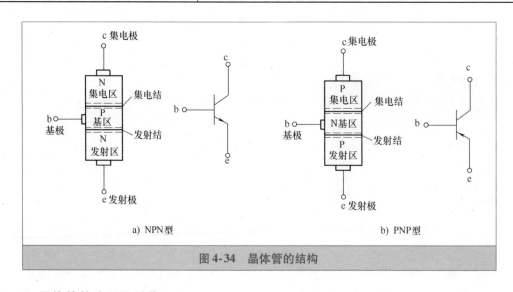

a) NPN型　　　　b) PNP型

图 4-34　晶体管的结构

3. 晶体管的外形及封装

常用晶体管的外形及封装如图 4-35 所示。一般来说，小、中功率的晶体管多采用塑料封装。大功率晶体管多采用金属封装，通常做成扁平形状并有螺丝安装孔，有的大功率晶体管做成螺栓形状，这样能使晶体管的外壳和散热器连接成一体，便于散热。

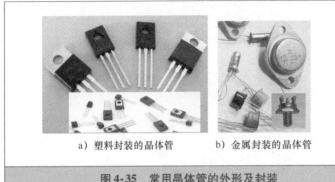

a）塑料封装的晶体管　　　　　b）金属封装的晶体管

图 4-35　常用晶体管的外形及封装

4. 晶体管的主要参数

晶体管的主要参数有直流参数（晶体管在正常工作时需要的直流偏置，也称为直流工作点）、交流参数 β（放大倍数）和工作频率 f 等。

晶体管的参数反映了晶体管各种性能的指标，是分析晶体管电路和选用晶体管的依据。这些**参数是正确使用晶体管的依据**。使用时，如果对某个晶体管的参数不了解，在晶体管手册中就可查找到该晶体管的型号、主要用途、主要参数和器件外形等资料。

【知识窗】

晶体管的电流放大原理：

晶体管实现电流放大作用必须满足的外部条件是，发射结正向偏置、集电结反向偏置。具体来说，对 NPN 型晶体管，3 个电极的电位关系应满足：$U_C > U_B > U_E$；对 PNP 型晶体管，则应满足：$U_C < U_B < U_E$。

工作于放大状态的晶体管，基极电流 I_B 远小于集电极电流 I_C 和发射极电流 I_E，只要发射结电压 U_{BE} 有微小变化，造成基极电流 I_B 有微小变化，就能引起集电极电流 I_C 和发射极电流 I_E 大的变化，这就是晶体管的电流放大作用。即

$$I_C = \beta I_B$$

晶体管的电流分配规律

$$I_E = I_B + I_C$$

晶体管的电流流向是确定的，但不同极性的晶体管不同，如图 4-36 所示。

4.5.2　晶体管的万用表检测

1. 指针式万用表检测晶体管

（1）判断基极和管型

由于晶体管的基极对集电极和发射极的正向电阻都较小，据此，**可先找出基极**，其方法是用万用表的黑笔接基极、红笔接另外两个极，阻值都很小，则为 NPN 型晶体管的基极；如果红笔接基极、黑笔接另外两个极，阻值都很小，则为 PNP 型晶体管的基极。如图 4-37 所示。

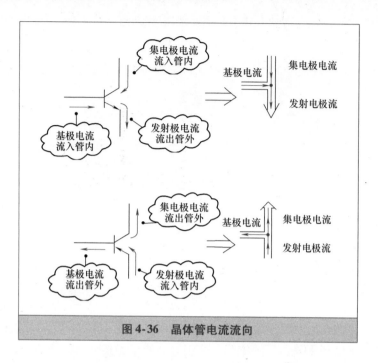

图 4-36　晶体管电流流向

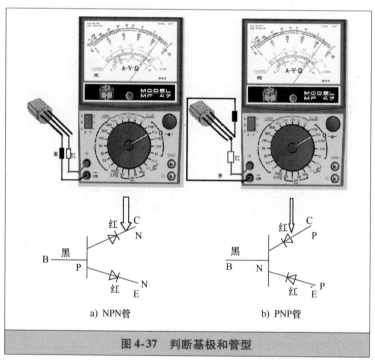

a) NPN管　　　　　　　　b) PNP管

图 4-37　判断基极和管型

（2）判断集电极和发射极

在晶体管的类型和基极确定后，将红、黑表笔分别接待测的集电极和发射极，基极通过 $20 \sim 100\Omega$ 的电阻与集电极相接。根据晶体管共发射极电流放大原理可知，PNP 型晶体管集电极接红笔（电池负极），表针偏转角将变大；对于 NPN 型晶体管，则集电极接黑笔时，表针偏转角变大。这样就可判断出集电极和发射极。

也用手捏住基极与另一个电极，利用人体电阻代替基极与集电极相接的那个 20 ～ 100Ω 的电阻，则同样可以判别出集电极和发射极，如图 4-38 所示。

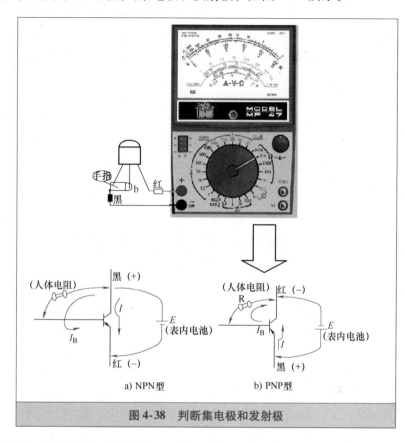

a) NPN型　　　　b) PNP型

图 4-38　判断集电极和发射极

记忆口诀

指针式万用表测量晶体管

晶体管，两类型，三个极，e、b、c。

万用表，电阻档，找基极（b），固黑笔，NPN，固红笔，PNP。

NPN，捏基极（b），阻值小，黑接集（c）。

PNP，捏基极（b），阻值小，红接集（c）。

剩余极，是发射（e）。

---

2. 数字万用表检测晶体管

利用数字万用表不仅能判定晶体管电极、测量管子的电流放大系数 h_{FE}，还可判别硅管与锗管。

（1）判定基极

将数字万用表的量程开关置于**二极管档**，红表笔固定任意接某个引脚，用黑表笔依次接触另外两个引脚，如果两次显示值均小于1V或都显示溢出符号"1"，则红表笔所接的引脚就是基极B。如果在两次测试中，一次显示值小于1V，另一次显示溢出符号"1"，表明红表笔接的引脚不是基极B，此时应改换其他引脚重新测量，直到找出基极B为止。

（2）判定NPN管与PNP管

仍使用数字万用表的二极管档。按上述操作确认基极B之后，将红表笔接基极B，用黑表笔先后接触其他两个引脚。如果都显示 0.500 ~ 0.800V，则被测管属于NPN型；若两次都显示溢出符号"1"，则表明被测管属于PNP管。

（3）判定集电极C与发射极E（兼测 h_{FE} 值）

区分晶体管的集电极C与发射极E，需使用数字万用表的 h_{FE} 档。如果假设被测管是NPN型管，则将数字万用表拨至 h_{FE} 档，使用NPN插孔。把基极B插入B孔，剩下两个引脚分别插入C孔和E孔中。若测出的 h_{FE} 为几十 ~ 几百，说明管子属于正常接法，放大能力较强，此时C孔插的是集电极C，E孔插的是发射极E，如图4-39a所示。

a）正常测量　　　　b）不正确测量

图4-39　晶体管C、E极的判定

若测出的 h_{FE} 值只有几 ~ 十几，则表明被测管的集电极C与发射极E插反了（见图4-39b），这时C孔插的时发射极E，E孔插的是集电极C。

为了使测试结果更可靠，可将基极B固定插在B孔不变，把集电极C与发射极E调换复测1 ~ 2次，以仪表显示值大（几十 ~ 几百）的一次为准，C孔插的引脚即是集电极C，E孔插的引脚则是发射极E。

3. 判定硅管和锗管

硅管和锗管的PN结正向电阻是不一样的，即硅管的正向电阻大，锗管的小。利用这一特性就可以用指针式万用表来判别一只晶体管是硅管还是锗管。判断方法如下。

1）将指针式万用表拨到 $R \times 100$ 档或 $R \times 1k$ 档，并调零。

2）测量NPN型的晶体管时，万用表的黑表笔接基极，红表笔接集电极或发射极；测量PNP型的晶体管时，万用表的红表笔接基极，黑表笔接集电极或发射极。

3）如果测得的阻值小于 $1k\Omega$，则所测的管子是锗管；如果测得的阻值在 5 ~ 10kΩ，则所测的管子是硅管。

【重要提醒】

用指针式万用表测普通晶体管，可将晶体管看成是两个"首首"相连或"尾尾"相连的二极管，若"首"为正极、"尾"为负极，则前者为 PNP 型，后者为 NPN 型。会测二极管就能判断晶体管的好坏。二极管怎么测？用两表笔分别接二极管两端，分别测得两个阻值，一个为几千欧至几十千欧，另一个应为无穷大。可判定该晶体管基本就是好的。该方法就是把晶体管当两个二极管来测。

在路检测晶体管的好坏有以下两种方法。

1）在通电的情况下，测晶体管 PN 结电压，正常工作时锗晶体管 BE 结电压是 0.3 ~ 0.5V，硅管 0.5 ~ 0.7V。

2）在不通电的情况下，用指针式万用表 $R \times 1$ 档，方法与不在路时测量相同，一般情况下都能测出好坏。用这种方法也可测二极管的好坏。

4.6　集成电路

99

4.6.1　集成电路简介

1. 集成电路的特点

集成电路是一种微型电子器件或部件。采用一定的工艺，把一个电路中所需的晶体管、二极管、电阻、电容和电感等元器件及布线互连一起，制作在一小块或几小块半导体晶片或介质基片上，然后封装在一个管壳内，成为具有所需电路功能的微型结构，如图 4-40 所示。其中所有元器件在结构上已组成一个整体，使电子元件向着微小型化、低功耗和高可靠性方面迈进了一大步。它在电路中用字母"IC"表示。

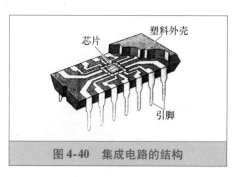

芯片　塑料外壳

引脚

图 4-40　集成电路的结构

集成电路具有体积小、重量轻、引出线和焊接点少、寿命长、可靠性高、性能好等优点，同时成本低，便于大规模生产。它不仅在工、民用电子设备中得到广泛的应用，同时在军事、通信、遥控等方面也得到广泛的应用。用集成电路来装配电子设备，其装配密度比晶体管可提高几十倍至几千倍，设备的稳定工作时间也可大大提高。

2. 集成电路的种类

集成电路的种类很多，见表 4-14。

表 4-14　集成电路的种类

分类方法	种　类
按功能结构分	模拟集成电路、数字集成电路、数/模混合集成电路
按制作工艺分	半导体集成电路、膜集成电路（膜集成电路又分类厚膜集成电路和薄膜集成电路）
按集成度高低分	小规模集成电路（晶体管为 10~100）、中规模集成电路（晶体管为 100~1000）、大规模集成电路（晶体管数为 1000~10000）、超大规模集成电路（晶体管数为 100000 以上）
按用途分	电视机用集成电路、音响用集成电路、影碟机用集成电路、工业控制用集成电路等
按导电类型不同分	双极型集成电路（代表集成电路有 TTL、ECL、HTL、LST-TL、STTL 等类型）、单极型集成电路
按应用领域分	标准通用集成电路、专用集成电路
按外形分	圆形（金属外壳晶体管封装型，一般适合用于大功率）、扁平型（稳定性好，体积小）和双列直插型

4.6.2　集成电路的识别与检测

1. 集成电路封装形式的识别

目前，集成电路的封装形式有几十种，一般是采用绝缘的塑料或陶瓷材料进行封装。下面介绍几种常见的封装形式。

（1）DIP 封装

DIP 封装就是双列直插式封装。引脚从封装两侧引出，封装材料有塑料和陶瓷两种。DIP 是最普及的插装式封装，绝大多数中小规模集成电路均采用这种封装形式，如图 4-41 所示。其引脚中心距 2.54mm，引脚数从 6 到 64。封装宽度通常为 15.2mm。

图 4-41　双列直插式封装的集成电路

（2）BGA 封装

BGA 封装为球形触点阵列封装，属于表面贴装型封装之一。在印制基板的背面按阵列方式制作出球形凸点用来代替引脚，在印制基板的正面装配 LSI 芯片，然后用模压树脂或灌封方法进行密封，如图 4-42 所示。

a) BGA-IC 引脚排列　　b) BGA-IC 引脚排列　　c) 球栅列阵的内引脚

d) BGA 封装芯片外形

图 4-42　BGA 封装的集成电路

（3）PLCC 封装

PLCC 封装为带引线的塑料芯片载体。引脚从封装的四个侧面引出，呈丁字形，是塑料制品。PLCC 封装适用于 SMT（表面安装技术）在 PCB（印制电路板）上安装布线，具有外形尺寸小、可靠性高的特点，如图 4-43 所示。

图 4-43　PLCC 封装的集成电路

（4）SOP 封装

SOP 封装为小外形封装，是普及最广的表面贴装封装，如图 4-44 所示。其引脚从封装两侧引出，呈海鸥翼状（L 字形）。材料有塑料和陶瓷两种。

2. 集成电路引脚识别

集成电路引脚示意图如图 4-45 所示。

1）圆形结构的集成电路和金属壳封装的晶体管差不多，只不过体积大、电极引脚多。这种集成电路引脚排列方式为：从识别标记开始，沿顺时针方向依次为 1、2、3…，如图 4-45a 所示。

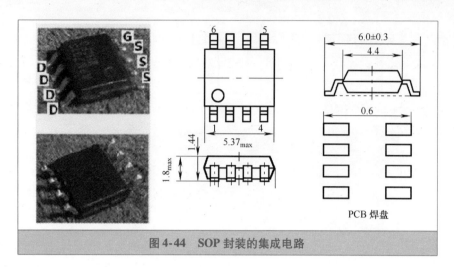

图 4-44　SOP 封装的集成电路

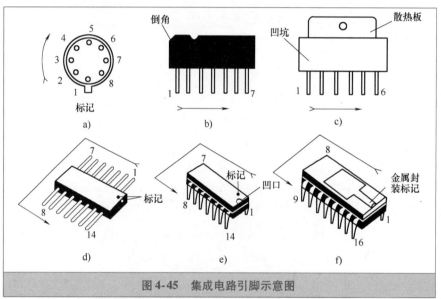

图 4-45　集成电路引脚示意图

2）单列直插式集成电路的识别标记，有的用倒角，有的用凹坑。这类集成电路引脚的排列方式也是从标记开始，从左向右依次为 1、2、3…，如图 4-45b、c 所示。

3）扁平形封装的集成电路多为双列式，这种集成电路为了识别管脚，一般在端面一侧有一个类似引脚的小金属片，或者在封装表面上有一色标或凹口作为标记。其引脚排列方式是，从标记开始，沿逆时针方向依次为 1、2、3…，如图 4-45d 所示。但应注意，有少量的扁平封装集成电路的引脚是顺时针排列的。

4）双列直插式集成电路的识别标记多为半圆形凹口，有的用金属封装集成电路采用凹坑标记。这类集成电路引脚排列方式也是从标记开始，沿逆时针方向依次为 1、2、3…，如图 4-45e、f。

3. 集成电路的检测

集成电路常用的检测方法有非在路测量法和在路测量法。

（1）非在路测量

非在路测量是在集成电路未焊入电路时，通过测量其各引脚之间的直流电阻值与已知正常同型号集成电路各引脚之间的直流电阻值进行对比，确定其是否正常。具体方法如下：

将指针式万用表调到"$R \times 1k$"档，把万用表黑笔固定在接地脚上，测量集成电路各引脚与接地引脚之间的正、反向电阻值（内部电阻值），将测量的电阻值与已知正常的内部电阻值相比较。

（2）在路测量

在路测量法是利用电压测量法、电阻测量法及电流测量法等，通过在电路上测量集成电路各引脚的电压值、电阻值和电流值是否正常，来判断该集成电路是否损坏，如图4-46所示。

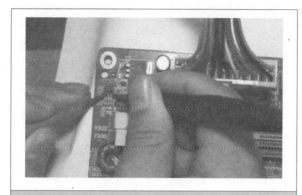

图 4-46　电阻测量法在路测量集成电路

测量集成电路的电压时，一般测量集成电路的电源脚、信号输入脚、信号输出脚和一些重要的控制脚等这些关键测试点。集成电路的电源引脚电压异常时，如果其他各引脚电压也不正常时，应先重点检查电源引脚的外围电路。

如果集成电路的某一只引脚与其接地引脚之间的值为0或无穷大（空脚除外），则集成电路损坏（内部短路、开路或被击穿）；如果集成电路任一只引脚与接地脚之间均具有一定大小的电阻值，则集成电路基本正常。

【重要提醒】

检测集成电路时应注意如下事项：

1）检测前要了解集成电路及其相关电路的工作原理，检查和修理集成电路前首先要熟悉所用集成电路的功能、内部电路、主要电气参数、各引脚的作用、引脚的正常电压和波形以及外围元器件组成电路的工作原理。如果具备以上条件，那么分析和检查会容易许多。

2）测试不要造成引脚间短路。电压测量或用示波器探头测试波形时，表笔或探头滑动会造成集成电路引脚间短路，最好在与引脚直接连通的外围印制电路上进行测量，如图4-47所示。任何瞬间的短路都容易损坏集成电路，在测试扁平形封装的CMOS集成电路时更要加倍小心。

图 4-47　防止测试时引脚间短路的方法

3）在无隔离变压器的情况下，严禁用已接地的测试设备去接触底板带电的设备，否则极易与底板带电的设备造成电源短路，波及集成电路，造成故障进一步扩大。

4）不要轻易判断集成电路已经损坏。因为集成电路绝大多数为直接耦合，一旦某一电路不正常，可能会导致多处电压变化，而这些变化不一定是集成电路损坏引起的。另外，在有些情况下测得各引脚电压与正常值相符或接近时，也不一定都能说明集成电路就是好的。因为有些软故障不会引起直流电压的变化。

5）测试仪表内阻要大。测量集成电路引脚直流电压时，应选用表头内阻大于 $20\mathrm{k}\Omega/\mathrm{V}$ 的万用表，否则对某些引脚电压会有较大的测量误差。

4.6.3　集成稳压器

1. 集成稳压器的功能

集成稳压器又叫集成稳压电路，是将不稳定的直流电压转换成稳定的直流电压的集成电路。

用分立元件组成的稳压电源，具有输出功率大、适应性较广的优点，但因体积大、焊点多、可靠性差，而使其应用范围受到限制。近年来，集成稳压电源已得到广泛应用，其中小功率的稳压电源以三端式串联型稳压器应用最为普遍。

2. 集成稳压器的分类

集成稳压器一般分为线性集成稳压器和开关集成稳压器两类。

1）线性集成稳压器又分为低压差集成稳压器和一般压差集成稳压器。

2）开关集成稳压器分为降压型集成稳压器、升压型集成稳压器和输入与输出极性相反集成稳压器。

3. 常用三端集成稳压器

(1) 三端固定式集成稳压器

78XX 系列、79XX 系列属于三端固定式集成稳压器，这类稳压器有输入、输出和公共端三个端子，输出电压固定不变（一般分为若干等级），如图 4-48 所示。

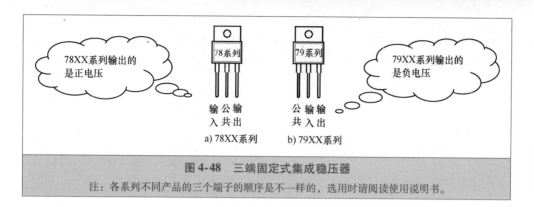

图4-48　三端固定式集成稳压器

注：各系列不同产品的三个端子的顺序是不一样的，选用时请阅读使用说明书。

7800系列的输出电压为5V、6V、9V、12V、15V、18V、24V共7个档次，这个系列产品的最大输出电流可达1.5A。同类型的产品还有CW78M00系列，输出电流为0.5A；CW78L00系列，输出电流为0.1A。这类产品具有使用方便、性能稳定、价格低廉等优点，得到了广泛应用，已基本上取代了由分立元件组成的稳压电路。

三端固定式集成稳压器还有输出为负电压的CW7900、CW79M00和CW79L00系列。

（2）三端可调式集成稳压器

它有3个接线端：输入端、输出端和调节端。在调节端外接两个电阻可对输出电压作连续的调节。在要求稳压精度较高，并且输出电压需在一定范围内做任意调节的场合，可选用这种集成稳压器。它也有正、负输出电压以及输出电流大小之分，选用时应注意各系列集成稳压器的电参数特性。

常用三端可调式集成稳压器有输出正电压的CW117/CW217/CW317系列，输出负电压的CW137/CW237/CW337系列。

【重要提醒】

虽然三端稳压器内部电路有过电流、过热及调整管安全工作区等保护功能，但在使用中应注意以下几个问题以防稳压器损坏。

1）防止输入端对地短路。

2）防止输入端和输出端接反。

3）防止输入端滤波电路断路。

4）防止输出端与其他高电压电路连接。

5）稳压器接地端不得开路。

【知识窗】

78XX系列集成稳压器的应用：

利用三端固定输出电压集成稳压器可以方便地构成固定输出的稳压电源，如图4-49所示。例如要求6V输出电压，就可以选择CW7806、CW78M06或CW78L06，其输出电压偏差在±2%以内。若考虑输出电流的要求，在1.5A以内，选用CW7800系列；在0.5A以内的，选用CW78M00系列；小于100mA的，选用CW78L00系列。

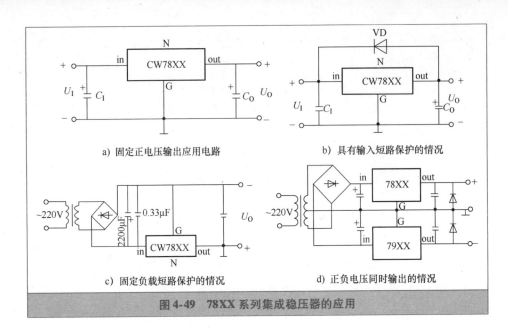

a) 固定正电压输出应用电路   b) 具有输入短路保护的情况

c) 固定负载短路保护的情况   d) 正负电压同时输出的情况

图 4-49   78XX 系列集成稳压器的应用

4. 三端集成稳压器的检测

电路中的集成稳压器可以通过测量引脚间的电阻值和测量稳压值来判断其好坏。

(1) 电阻值检测

用万用表 $R \times 1k$ 档测量三端集成稳压器各引脚之间的电阻值（正测、负测各一次），可以根据测量的结果粗略判断出被测集成稳压器的好坏，如图 4-50 所示。

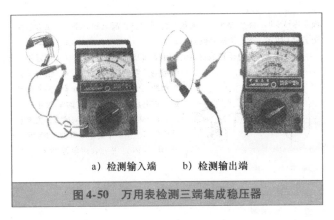

a) 检测输入端   b) 检测输出端

图 4-50   万用表检测三端集成稳压器

如果测量的引脚间的正向电阻值为一固定值，而反向电阻值为无穷大，则集成稳压器正常；如果测得某两脚之间的正、反向电阻值均很小或接近 0Ω，则可判断该集成稳压器内部已击穿损坏；如果测得两脚之间的正、反向电阻值均为无穷大，则说明该集成稳压器已开路损坏；如果测得集成稳压器的阻值不稳定，随温度的变化而改变，则说明该集成稳压器的热稳定性能不良。

所谓正测是指黑表笔接稳压器的接地端，红表笔去依次接触另外两引引脚；负测指红表笔接地端，黑表笔依次接触另外两引引脚。

（2）测量稳压值

将指针式万用表调到直流电压档的"10"或"50"档（根据集成稳压器的输出电压大小）。将被测集成稳压器的电压输入端与接地端主之间加上一个直流电压。将万用表的红表笔接输出端，黑表笔接地，测量输出的稳压值。

如果输出的稳压值正常，则集成稳压器正常；如果输出的稳压值不正常，则集成稳压器损坏。

> **记忆口诀**
>
> **三端集成稳压器的检测**
>
> 检测三端稳压器，万用表置电压档，
> 输入加上直流压，输出与标一个样。
> 判别输入输出极，用表拨在电阻档，
> 红笔接地黑笔测，入端值大出端降。

第**5**章

电工基本技能

5.1 导线连接

5.1.1 导线连接基础

1. 导线连接的要求

据有关资料分析，很多电气故障的根源是由于导线连接不规范、不可靠引起导线发热、线路压降过大，甚至断路引起的。

由此可见，杜绝线路隐患，保障线路畅通与导线的连接工艺和质量有非常密切的关系。导线连接的基本要求如图5-1所示。

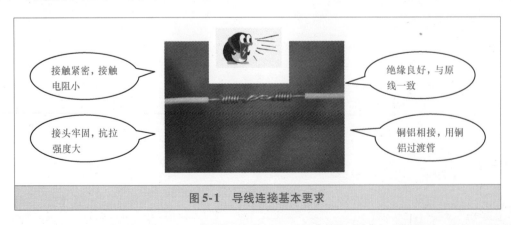

图5-1 导线连接基本要求

2. 导线连接的基本步骤

基本步骤：导线绝缘层的剥削、导线线头的连接、导线连接处绝缘层的恢复，如图 5-2 所示。

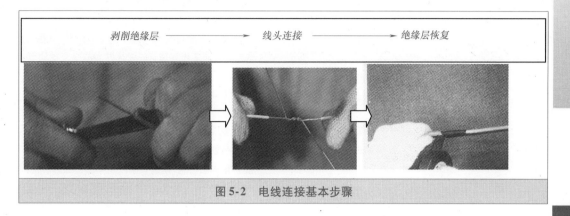

图 5-2　电线连接基本步骤

5.1.2　导线绝缘层的剥削

剥削导线绝缘层可以采用剥线钳、电工刀等工具进行。剥削导线绝缘层的基本要求是，不得损伤芯线，线头长短合适，如图 5-3 所示。

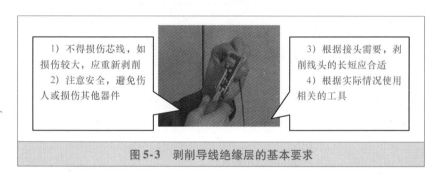

1）不得损伤芯线，如损伤较大，应重新剥削
2）注意安全，避免伤人或损伤其他器件

3）根据接头需要，剥削线头的长短应合适
4）根据实际情况使用相关的工具

图 5-3　剥削导线绝缘层的基本要求

5.1.3　导线连接

1. 单股铜芯线线头的连接

单股铜芯线线头的连接工艺与技术要求见表 5-1。

表 5-1　单股铜芯线线头的连接工艺与技术要求

线头连接类型		操作示意图	操作工艺与技术要求
直线连接	小截面单股铜芯线		1）将去除绝缘层和氧化层的芯线两股交叉，互相在对方绞合 2~3 圈 2）将两线头自由端扳直，每根自由端在对方芯线上缠绕，缠绕长度为芯线直径的 6~8 倍；这就是常见的绞合法 3）剪去多余线头，修整毛刺

（续）

线头连接类型		操作示意图	操作工艺与技术要求
直线连接	大截面单股铜芯线		1）在两股线头重叠处填入一根直径相同的芯线，以增大接头处的接触面 2）用一根截面在 1.5mm² 左右的裸铜线（绑扎线）在上面紧密缠绕，缠绕长度为芯线直径的 10 倍左右 3）用钢丝钳将芯线线头分别折回，将绑扎线继续缠绕 5~6 圈后剪去多余部分并修剪毛刺 4）如果连接的是不同截面的铜导线，先将细导线的芯线在粗导线上紧密缠绕 5~6 圈，再用钢丝钳将粗导线折回，使其紧贴在较小截面的芯线上，再将细导线继续缠绕 4~5 圈，剪去多余部分并修整毛刺
T 型连接	小截面单股铜芯线		1）将支路芯线与干路芯线垂直相交，支路芯线留出 3~5mm 裸线，将支路芯线在干路芯线上顺时针缠绕 6~8 圈，剪去多余部分，修除毛刺 2）对于较小截面芯线的 T 型连接，可先将支路芯线的线头在干路芯线上打一个环绕结，接着在干路芯线上紧密缠绕 5~8 圈
	大截面单股铜芯线	导线直径10倍	将支路芯线线头弯成直角，将线头紧贴干路芯线，填入相同直径的裸铜线后用绑扎线参照大截面单股铜芯线的直线连接的方法缠绕

记忆口诀

单股铜芯线的直线连接

两根芯线十字交，相互绞合三圈挑。
扳直芯线尾线直，紧缠六圈弃余端。

单股铜芯线的 T 型连接

支、干两线垂直交，顺时方向支路绕。
缠绕六至八圈后，钳平末端去尾线。

110

2. 多股铜芯线线头的连接

在电力工程施工中，经常会遇到多股导线（例如 7 股、19 股等）的连接，下面 7 股铜芯线为例介绍线头连接操作方法，其连接工艺与技术要求见表 5-2。

表 5-2　7 股铜芯线线头的连接工艺与技术要求

线头连接类型	操作示意图	操作工艺与技术要求
直线连接		1）先将剖去绝缘层的芯线头散开并拉直，再把靠近绝缘层 1/3 线段的芯线绞紧，然后把余下的 2/3 芯线头分散成伞状，并将每根芯线拉直 2）把两股伞状芯线线头相对，隔股交叉直至伞形根部相接，然后捏平两边散开的线头 3）把一端的 7 股芯线按 2、2、3 根分成三组，把第一组 2 根芯线扳起，垂直于芯线，并按顺时针方向缠绕 2 圈；然后将余下的芯线向右扳直紧贴芯线。再把下边第二组的 2 根芯线向上扳直，也按顺时针方向紧紧压着前 2 根扳直的芯线缠绕；接下来将余下的芯线向右扳直，紧贴芯线。再把下边第三组的 3 根芯线向上扳直，按顺时针方向紧紧压着前 4 根扳直的芯线向右缠绕，缠绕 3 圈后，剪去多余部分，修除毛刺，钳平线端 4）用同样方法再缠绕另一边芯线
T 型连接		1）把除去绝缘层和氧化层的支路线端分散拉直，在距根部 1/8 处将其进一步绞紧，将支路线头按 3 和 4 的根数分成两组并整齐排列 2）用一字形螺丝刀把干线也分成尽可能对等的两组，并在分出的中缝处撬开一定距离，将支路芯线的一组穿过干线的中缝，另一组排于干路芯线的前面。先将前面一组在干线上按顺时针方向缠绕 3~4 圈，剪除多余线头，修整好毛刺。接着将支路芯线穿越干线的一组在干线上按反时针方向缠绕 4~5 圈，剪去多余线头，钳平毛刺即可

111

> **记忆口诀**
>
> **7 股铜芯线的直线连接**
>
> 剥削绝缘拉直线，绞紧根部余分散。
> 分成伞状隔根插，2、2、3、3 要分辨。
> 两组 2 圈扳直线，三组 3 圈弃余线。
> 芯线细排要绞紧，同是一法另一端。

> **7 股铜芯线的 T 型连接**
>
> 3、4 两组干、支分，支线一组如干芯。
>
> 3 绕 3 至 4 圈后，再绕 4 至 5 圈平。

3. 电缆芯线连接

双芯、多芯电缆线、护套线等电缆芯线的连接方法如图 5-4 所示。线头的连接方法与前面讲述的绞接法相同。应该注意的是，不同芯线的连接点应该错开，以免发生短路和漏电。

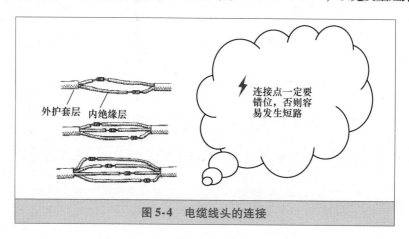

图 5-4　电缆线头的连接

5.1.4　导线绝缘层的恢复

恢复线头绝缘层常用的有黄蜡带、涤纶薄膜带和黑胶带（黑胶布）三种材料。绝缘带宽度一般选用 20mm 比较适宜。

用绝缘带包扎时，要求从线头一边距切口的 **40mm** 处开始，如图 5-5a 所示，使绝缘带与导线间保持 **55°** 的倾斜角，后一圈压在前一圈 **1/2** 的宽度上如图 5-5b。

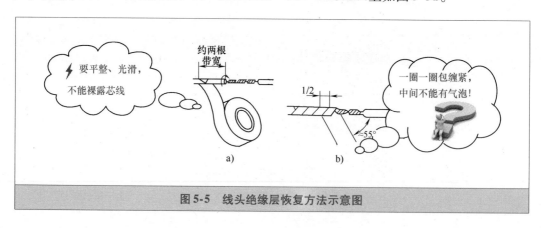

图 5-5　线头绝缘层恢复方法示意图

【重要提醒】

导线被破坏的绝缘层恢复后，其绝缘强度不得低于剥削以前的绝缘强度。

5.2 登杆技能

5.2.1 登杆必备用具

电杆登杆作业的用具:

电工高处作业必须要借助于专用的登高用具。电杆登杆作业常用登高用具有蹬板、脚扣等;辅助登杆用具有腰带、保险绳和腰绳,必要时还需要吊绳和吊袋等登高作业用品,如图 5-6 所示。同时,必须穿戴好工作服,戴好安全帽。

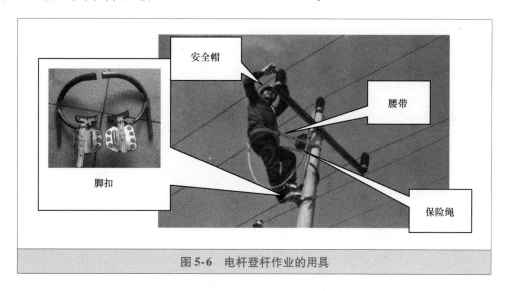

图 5-6 电杆登杆作业的用具

1)脚扣又叫铁脚,采用合金钢制作,在扣环上裹有防滑橡胶套,供登混凝土杆用。

2)蹬板又称升降板,主要由板、绳、铁钩三部分组成,如图 5-7 所示。

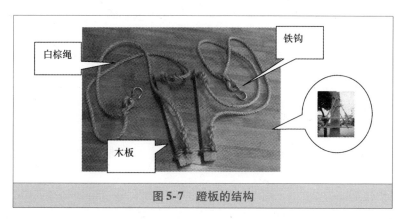

图 5-7 蹬板的结构

3)保险绳、腰绳和安全腰带是电工高空操作的必备用品,如图 5-8 所示。

4)吊绳和吊袋,是杆上作业时用来传递零件和工具的用品。吊绳一端应结在电工的腰带上,另一端垂向地面。

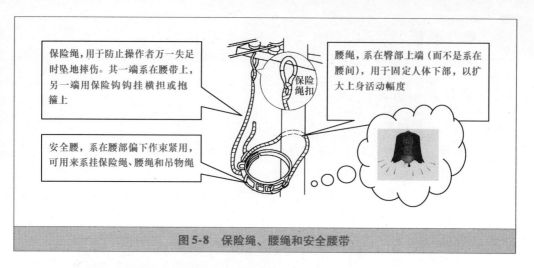

保险绳，用于防止操作者万一失足时坠地摔伤。其一端系在腰带上，另一端用保险钩钩挂横担或抱箍上

保险绳扣

腰绳，系在臀部上端（而不是系在腰间），用于固定人体下部，以扩大上身活动幅度

安全腰，系在腰部偏下作束紧用，可用来系挂保险绳、腰绳和吊物绳

图5-8　保险绳、腰绳和安全腰带

5）**安全帽**，用于保护头部免受意外伤害。

【重要提醒】

在杆上作业时，零星工具及材料须放在吊袋或笼筐内，用绳索吊上或吊下，不许随身携带或用手传递投掷。

电工作业必须佩戴电工专用的安全帽。

5.2.2　用蹬板登杆

1. 上杆

1）先将一个蹬板钩挂在电杆上，**高度以能跨上为准**，另一个蹬板反挂在肩上。

2）用右手握住挂钩的两根棕绳，并用大拇指顶住挂钩；左手握住左边贴近蹬板的单根棕绳，右脚跨上蹬板。

3）四肢同时用力，然后用力使身体上升，待身体重心转到右脚后，**左手即向上扶住电杆**。

4）当身体上升到一定高度时松开右手，并向上扶住电杆使**身体直立**，将左脚绕过左边单根棕绳踏入蹬板内。

5）**待站稳后**，在电杆上方挂另一个蹬板，然后右手紧握上一个蹬板的两根棕绳，将左脚跨入上蹬板，**手脚同时用力使身体上升**。

6）当人体离开下面蹬板时，**需把下面的蹬板解下**。此时左脚必须抵住电杆，以免身体摇晃。

重复上述各步骤，直至登到工作位置为止，如图5-9所示。

2. 下杆

1）人体站稳在现用的一只登高板上，把另一只登高板勾挂在现用登高板下方，别挂得太低，铁钩放置在腰部下方为宜。

图 5-9　上杆操作

2）**右手紧握**现用登高板勾挂处的两根绳索，并用大拇指抵住挂钩，以防人体下降时登高板随之下降，**左脚下伸，并抵住下方电杆。**同时，**左手握住下一只登高板的挂钩处**（不要使用已勾挂好的绳索滑脱，也不要抽紧绳索，以免登高板下降时发生困难），**人体随左脚的下伸而下降，**并使左手配合人体下降而把另一只登高板放下到适当位置。

3）当人体下降到如图 5-10 所示步骤 3 的位置时，使**左脚插入另一只登高板的两根棕绳和电杆之间**（即应使两根棕绳处在左脚的脚背上）。

115

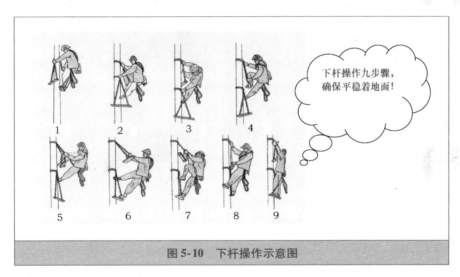

图 5-10　下杆操作示意图

4）**左手握住**上面一只登高板左端线索，同时**左脚用力抵住电杆，**这样既可防止登高扳滑下，又可防止人体摇晃。

5）**双手紧握**上面一只登高板的两根绳索，使人体重心下降。

6）**双手随人体**下降而下移紧握绳索，直至贴近木板的两端，**左脚不动，**但要用力支撑住电杆，使人体向后仰开，**同时右脚离开上一只登高板。**

7）当右脚稍一着落而人体重量尚未完全降落到下一只登高板时，**就应立即把左脚从两根棕绳内抽出**（注意：此时双手不可松劲），并趁势使人体贴近电杆站稳。

8）**左脚下移，**并准确绕过左边棕绳，**右手上移且抓住上一只登高板铁钩下的两根棕绳。**

9）**左脚盘在**下面的登高板左面的绳索站稳，**双手解去上一只登高板铁钩下的两根棕绳。**

以后重复上述各步骤，直到着地为止。

5.2.3 用脚扣登杆

1. 上杆

1）登杆前穿戴好工作服、工作帽、穿戴系好工作胶鞋，检查并扎好安全带。根据电杆的直径调节脚扣的大、小范围。

2）根据个人的习惯，   （或右脚）扣套在离距地面 300 ~ 500mm 的电杆上。右脚（或左脚）扣套在离距地面 550 ~ 750mm 电杆上。脚尖向上勾起，往杆子方向微侧。脚扣套入杆子，脚向下蹬，如图 5-11a 所示。右手抱电杆（或左手抱电杆），腚部后倾，左腿（或右腿）和右手（或左手）同时用力向上登高一步，左脚上（或右脚上）上移，右手（或左手）抱电杆，腚部后倾，同时用力又可上一步，重复上述动作直到作业定点位置，如图 5-11b 所示。

图 5-11 用脚扣上杆

3）上到作业定点位置时，左手抱电杆，双脚可交叉登紧脚扣，右手握住保险挂钩绕过电杆后交给左手，同时右手抱电杆，左手将挂钩挂在腰带的另一侧钩环，并将保险装置锁住，如图 5-12 所示。

【友情提示】

用脚扣登高时，腚部要往后拉，尽量远离水泥杆，两手臂要伸直，用两手掌一上一下抱（托）着水泥电杆，使整个身体成为弓形，两腿和水泥杆保持较大夹角，手脚上下交替注上爬。同时，登杆作业时，电杆下不得站有人，防止东西坠落。

2. 下杆

下电杆时，左脚先反扣，踩在踏板上，将另一只踏板锁扣在踩在踏板上的下一端，右手抓紧上一只踏板上的绳索位置，左手握住下一只踏板，左脚同时抽出下移适当位置。

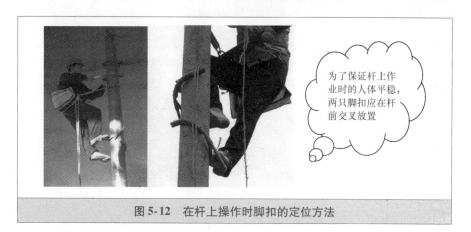

为了保证杆上作业时的人体平稳，两只脚扣应在杆前交叉放置

图 5-12　在杆上操作时脚扣的定位方法

　　人体与电杆成直角三角形，并将左手握住的踏板绳索下移在左脚部位，锁紧绳索，松左手，抓住上一只踏板的左端绳索，这时，右脚松下，踩住下一只踏板上。左脚迅速抽出并也反扣踩在踏板上。这样循环向下移操作，直至达到地面，如图 5-13 所示。

图 5-13　脚扣下杆姿势

【重要提醒】

　　脚扣分为木杆脚扣和水泥杆脚扣两种，木杆脚扣在扣环上制有铁齿。水泥杆脚扣的扣环上包有橡胶，以防止打滑。禁止用木杆脚扣上水泥杆。

5.3　电气故障检修

5.3.1　一般电气故障诊断法

　　电路出现故障切忌盲目乱动，在检修前要对故障发生的情况进行尽可能详细的调查。简单地讲就是问、看、听、闻、摸、测"六诊"来发现电气设备的异常情况，从而找出故障原因和故障所在的部位。具体方法见表 5-3。

表5-3　电气故障调查"六诊"

诊断法	方法说明	图　示
问	当一台设备产生电气系统故障后，检修人员应和医生看病一样，首先要了解详细的"病情"。即向设备操作人员或用户了解设备使用情况、设备的病历和故障发生的全过程 如果故障发生在有关操作期间或之后，还应询问当时的操作内容以及方法、步骤 通过询问，往往能得到一些很有用的信息 总之，了解情况要尽可能详细和真实，这些往往是快速找出故障原因和部位的关键	
看	"看"包括两个方面：一是看现场；二是看图样资料 看现场时，主要观察触头是否烧蚀、熔毁；线头是否松动、松脱；线圈是否发热、烧焦；熔体是否熔断；脱扣器是否脱扣等；其他电气元件是否烧坏、发热、断线；导线连接螺钉是否松动；电动机的转速是否正常。还要观察信号显示和仪表指示等 对于一些比较复杂的故障，首先弄清电路的型号、组成及功能，看懂原理图，再看接线图，以"理论"指导"实践"	
听	在电路和设备还能勉强运转而又不致扩大故障的前提下，可通电起动运行，倾听有无异响；如果有异响，应尽快判断出异响的部位后迅速停车 利用听觉判断故障，是一件比较复杂的工作。在日常生产中要积累丰富的经验，才能在实际运用中发挥作用	
闻	用嗅觉器官检查有无电气元件发高热和烧焦的异味。如过热、短路、击穿故障，则有可能闻到烧焦味、火烟味和塑料、橡胶、油漆、润滑油等受热挥发的气味。对于注油设备，内部短路、过热、进水受潮后，其油样的气味也会发生变化，如出现酸味、臭味等	
摸	刚切断电源后，尽快触摸线圈、触头等容易发热的部分，看温升是否正常 如设备过载，则其整体温度会上升；如局部短路或机械摩擦，则可能出现局部过热；如机械卡阻或平衡性不好，其振幅就会加大 在实际操作时，要遵守有关安全规程和掌握设备特点，该摸的摸，不能摸的切不能乱摸，以免危及人身安全和损坏设备	
测	用仪表仪器对电气设备进行检测。根据仪表测量某些电参数的大小，经与正常数据对比后，来确定故障原因和部位	

> **记忆口诀**
>
> **电气设备故障"六诊法"**
> 一问前后何现象，二看资料和现场。
> 三听设备异声响，四闻气味辨故障。
> 五摸温度和振动，六用表测最周详。

下面重点介绍问、看、听、闻、摸、测"六诊"方法的应用实例。

1. "问"法的应用

操作人员报告某台离心泵不能起动，需要及时处理。这时维修人就可提出以下问题进行询问：水罐是否有水？上班和本班是否曾经运行？否运行一段时间后停止？是否未运行就不能开启？以前出现过这种故障吗，若出现故障是如何处理的？

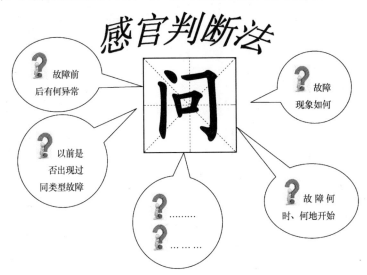

维修人员了解具体情况后，到现场进行处理就会有条理，轻松解决问题。

若是电动机原来工作正常，由于刚才进料大了一些，电动机就逐渐停下来，根据这种现象，估计可能为过载而引起了热继电器动作，则可按一下热继电器的复位按钮进行试验。

2. "看"法的应用

用眼睛去看熔断丝是否熔断；接线是否脱落；开关的触头是否接触好；撞块是否能碰到行程开关；继电器是否动作正常。如果继电器动作情况不正常，故障点就在控制电路中；如果继电器动作正常而执行电器不正常（电动机转动），故障点应在主电路

　　某车间有一台螺杆泵，操作工说按下按钮时听到电动机有振动声而泵不动。根据所述情况判断，通电做短暂试验不致发生事故，可以通电试验来核实所反映的情况。螺杆泵是空载起动，因机械故障不能运行的可能性较小，最可能的原因是电动机故障或电源断相。首先查看配电柜熔丝是否熔断；如完好，则检查控制电动机的接触器进线是否三相有电；如有，然后通电核实所述情况。

　　3. "听"法的应用

　　利用听觉判断电气设备故障，可凭经验细心倾听，必要时可用耳朵紧贴着设备外壳倾听，也可以用听诊器具来倾听。用耳细听设备运行中的声音，往往可以区别正常运行声音与噪声的差异，甚至可以区分故障所在的部位。例如变压器声音异常判断方法如下：

> **记忆口诀**
>
> **变压器声音异常的判断**
> 配变运行声正常，清晰均匀嗡嗡响。
> 绕组短路轻微状，发出阵阵噼啪响。
> 绕组短路大损伤，嗡嗡大叫油温上。
> 低压相线有接地，老远就听轰轰响。
> 跌落熔体分开关，接触不良吱吱响。

用耳朵去听电器的动作情况。例如电动机是否嗡嗡发响，如果有嗡嗡声，则表明电动机断相或机械卡住

　　4. "闻"法的应用

　　闻"味"也能识"毛病"。靠鼻子闻就能知道电动机是否处于正常运行温度，电动机正常运转的绝缘温度是 $30 \sim 40℃$，此时几乎没什么味道；如果温度过高，就会发出焦煳味。电动机处于什么温度段，能闻出来。当然，经验靠长期积累，有时就是一种感觉。

某些电气故障有时会伴有特殊气味产生，通过辨别，可作为判断故障性质或地点的重要依据。例如，运行中的电动机出现焦味，就可确定某线圈发热严重，甚至线圈已经烧毁

5.　"摸"法的应用

在实际操作中应注意遵守有关安全规程和掌握设备特点，掌握摸（触）的方法和技巧，该摸的摸，不能摸的切不能乱摸。手摸用力要适当，以免危及人身安全和损坏设备。手感温法估计温度（电动机外壳为例）见表 5-4。

表 5-4　手感温法估计温度

温度/℃	感　觉	具体程度
30	稍冷	比人体温度低，感觉稍冷
40	稍暖和	比人体温度高，感到稍暖和
45	暖和	手背触及感到很暖和
50	稍热	手背可以长久触及，但长时间手背变红
55	热	手背可停留 5~7s
60	较热	手背可停留 3~4s
65	很热	手背可停留 2~3s
70	十分热	用手指可停留约 3s
75	极热	用手指可停留 1.5~2s
80	担心电机坏	手背不能碰，手指勉强停 1~1.5s
85~90	过热	不能碰，因条件反射瞬间缩回

记忆口诀

手摸判断电动机外壳的温度

手指弹试不觉烫，手背平放外壳上。

长久触及手变红，温度五十还正常。

手可停留二三秒，六十五度热得慌。

手触及后烫得很，七十五度机难忍。

手刚触及难忍受，八十五度赶快修。

感官判断法
摸

用手去摸电器应在低压或有安全保护的情况下操作。

例如检查中，发现因限位开关没有发信号而使动作中断时，可估计有两种故障：一是撞块没有碰撞限位开关；二是限位开关本身损坏，这时可用手去碰一下限位开关，如果动作和复位时有"滴嗒"声，一般情况，限位开关是好的，如果没有"滴嗒"声，说明限位开关损坏，应予更换

6. "测"法的应用

在电气修理中，对于电路的通断，电动机绕组、电磁线圈的直流电阻、触头（点）的接触电阻等是否正常，可用万用表相应的电阻档检查。对电动机三相空载电流、负载电流是否平衡，大小是否正常，可用钳形电流表或其他电流表检查。对于三相电压是否正常、是否一致，对于工作电压、线路部分电压等可用万用表检查；对线路、绕组的有关绝缘电阻，可用绝缘电阻表检查。

利用仪表检查电路或电器的电气故障具有速度快、判断准确、故障参数可量化等优点，因此在电器维修中应充分发挥仪表检查故障的作用。

测量电阻时应注意以下事项：

1）**不能在线路带电的情况测量电阻**，否则不仅有可能损坏万用表，还有可能引起被测量线路故障。因此，用电阻测量法检查故障时，一定要断开电源开关。

2）如果被测的电路与其他电路并联，必须将**该电路与其他电路断开**，否则所测得的电阻值是不准确的。

3）测量高电阻值的电器元件时，**要选择适合的电阻档**。

【重要提醒】

电气控制线路断电检查的内容如下：

1）检查熔断器的熔体是否熔断、是否合适以及接触是否良好。

2）检查开关、刀闸、触头、接头是否接触良好。

3）用万用表欧姆档测量有关部位的电阻，用绝缘电阻表测量电气元件和线路对地的电阻以及相间绝缘电阻（低压电器绝缘电阻不得小于 $0.5M\Omega$，以判断电路是否有开路、短路或接地现象）。

4）检查改过的线路或修理过的元器件是否正确。

5）检查热继电器是否动作，中间继电器、交流接触器是否卡阻或烧坏。

6）检查转动部分是否灵活。

5.3.2 特殊电气故障诊断法

电气控制线路的常见故障有**断路、短路、接地、接线错误和电源故障**五种。有的故障比较明显，检修比较简单；有的故障比较特殊、隐蔽，检修比较复杂。

下面介绍诊断检修电气设备特殊故障的七种方法，读者可针对不同的故障特点，灵活运用多种方法予以检修。

1. 分析法

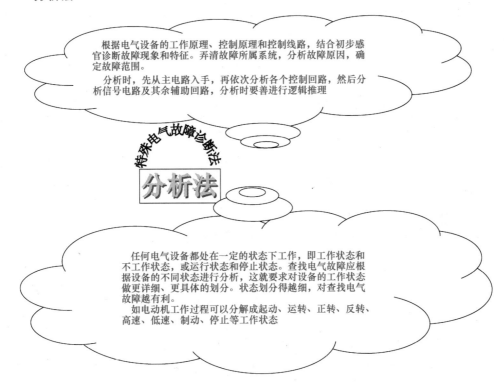

根据电气设备的工作原理、控制原理和控制线路，结合初步感官诊断故障现象和特征。弄清故障所属系统，分析故障原因，确定故障范围。

分析时，先从主电路入手，再依次分析各个控制回路，然后分析信号电路及其余辅助回路，分析时要善进行逻辑推理

任何电气设备都处在一定的状态下工作，即工作状态和不工作状态，或运行状态和停止状态。查找电气故障应根据设备的不同状态进行分析，这就要求对设备的工作状态做更详细、更具体的划分。状态划分得越细，对查找电气故障越有利。

如电动机工作过程可以分解成起动、运转、正转、反转、高速、低速、制动、停止等工作状态

对于一种设备或一种装置，其中的部件和零件可能处于不同的运行状态，查找其中的电气故障必须将各种运行状态区别清楚。

例如，新买的一台交流弧焊机和 50m 电焊线，由于焊接工作地点就在电焊机附近，没有把整盘电焊线打开，只抽出一个线头接在电焊机二次侧上。试车试验，电流很小不能起弧。经检查电焊机接线，接头处都正常完好，电焊机的二次侧电压表指示空载电压为 70V。检查了很长时间，仍不知道毛病出在哪里。最后整盘电焊线打开拉直，一试车，一切正常。

其实道理很简单，按照电工原理：整盘的电焊线不打开，就相当于一个空心电感线圈，必然引起很大的感抗，使电焊机的输出电压减小，不能起弧。

2. 短路法

使用短路法时应注意如下事项：

1）在必须使用"试验按钮"才能起动时，不能使用导线短路法查找故障。

2）由于短路法是用手拿绝缘导线带电操作的，因此一定要**注意安全，避免触电事故**发生。

3）短路法只**适用于检查电压降极小的导线和触头之间的断路故障**。对于电压降较大的电器，如电阻、线圈、绕组等断路故障，绝不允许采用短接法，否则会出现短路故障或触电事故。

4）对于机床的某些要害部位，必须在保障电气设备或机械部位不会出现事故的情况下才能使用短路法。

124

3. 断路法

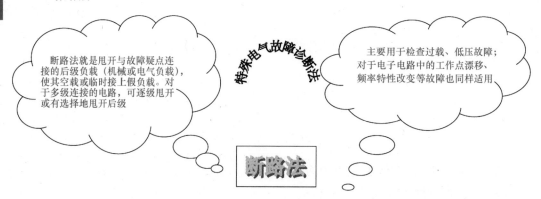

甩开负载后可先检查本级，如电路工作正常，则故障可能处在后级，如电路仍不正常，则故障在开路点之前。

例如，判断大型设备故障时，为了分清是电器原因或是机械原因时常采用此法。比如锅炉引风机就可以脱开联轴器，分别盘车，同时检查故障原因。

4. 经验法

电工检修常用的经验法较多，见表5-5。

表5-5　电工检修常用的经验法

经 验 法	操作要点	说　明
弹压活动部件法	主要用于活动部件，如接触器的动铁心、行程开关的滑轮臂、按钮、开关等。通过反复弹压活动部件，使活动部件灵活，同时也使一些接触不良的触头通过摩擦，达到接触导通的目的	例如，对于长期没有启用的控制系统，在启用前，应采用弹压活动部件法全部动作一次，以消除动作卡滞与触头氧化现象，对于因环境条件污物较多或潮气较大而造成的故障，也应使用这一方法 　　必须注意，弹压活动部件法可用于故障范围的确定，而不常用于故障的排除，因为仅采用这一种方法，故障的排除常常是不彻底的，要彻底排除故障还需要采用另外的措施

（续）

经 验 法	操 作 要 点	说　　明
替换法	对于值得怀疑的元器件（部件），可采用替换的方法进行验证。如果故障依旧，说明故障点怀疑不准，可能该元器件没有问题。但如果故障排除，则与该元器件相关的电路部分存在故障，应加以确认	当有两台或两台以上的电气控制系统时，可把系统分为几个部分，将各系统的部件进行交换。当交换到某一部分时，电路恢复正常工作，而将故障换到其他设备上时，其他设备出现了相同的故障，说明故障就在这部分 当只有一台设备时，而控制电路内部又存在相同元器件时，可以将相同元器件调换位置，检查对应元器件的功能是否得到恢复，故障是否又转到另外的部分。如果故障转到另外的部分，则说明调换元器件存在故障；如果故障没有变化，则说明故障与调换元器件无关 通过调换元器件，可以不借用其他仪器来检查其他元器件的好坏，因此可在条件不具备时使用
电路敲击法	可用一只小的橡皮锤，轻轻地敲击工作中的元器件。如果电路故障突然排除，或者故障突然出现，都说明被敲击元器件附近或该元器件本身存在接触不良现象。对于正常电气设备，一般能经住一定幅度的冲击，即使工作没有异常现象，如果在一定程度的敲击下，发生了异常现象，也说明该电路存在故障隐患，应及时查找并排除	电路敲击法基本同弹压活动部件法，两者的区别主要是前者是在断电的过程中进行的，而后者主要是用于带电检查 注意敲击的力度要把握好，用力太大或太小都不行
黑暗观察法	在比较黑暗和安静的环境下观察故障线路，如果有火花产生，则可以肯定，产生火花的地方存在接触不良或放电击穿的故障；但如果没有火花产生，则不一定就接触良好	当电路存在接触不良故障时，在电源电压作用下，常产生火花并伴随着一定的声响。因为火花和声音一般比较弱，在光线较为明亮、环境噪声稍大的场所，常不易察觉，因此应在比较黑暗和安静的情况下，观察电路有无火花产生，聆听是否有放电时的"嘶嘶"声或"劈啪"声 黑暗观察法只是一种辅助手段，对故障点的确定有一定帮助，要彻底排除故障还需要采用另外的措施
对比法	如果电路中有两个或两个以上的相同部分时，可以对两部分的工作情况作对比。因为两部分同时发生相同故障的可能性较小，因此通过比较，可以方便地测出各种情况下的参数差异，通过合理分析，可以方便地确定故障范围和故障情况	根据相同元器件的发热情况、振动情况、电流、电压、电阻及其他数据，可以确定该元器件是否过载、电磁部分是否损坏、线圈绕组是否有匝间短路、电源部分是否正常等。 使用这一方法时应特别注意，两电路部分工作状况必须完全相同时才能互相参照，否则不能比较，至少是不能完全比较
加热法	当电气故障与开机时间呈一定的对应关系时，可采用加热法促使故障更加明显。因此随着开机时间的增加，电气线路内部的温度上升。在温度的作用下，电气线路中的故障元器件或侵入污物的电气性能不断改变，从而引发故障。因此可用加热法，加速电路温度的上升，起到诱发故障的作用	使用电吹风或其他加热方式，对怀疑的元器件进行局部加热，如果诱发故障，说明被怀疑元器件存在故障，如果没有诱发故障，则说明被怀疑元器件可能没有故障，从而起到确定故障点的作用 使用这一方法时应注意安全，加热面不要太大，温度不能过高，以电路正常工作时所能达到的最高温度为限，否则可能会造成绝缘材料及其他元器件的损坏

5. 菜单法

例如，某电工对一台17kW、4极交流电动机进行检修保养，检修后通电试运转时，发现电动机的空载电流三相相差1/5以上，振动比正常时剧烈，但无"嗡嗡"声，也无过热冒烟。

根据"空载电流不平衡，三相相差1/5以上"的故障现象，初步分析影响电动机空载电流不平衡有以下五个原因，于是用菜单的形式列出来。

1）电源电压不平衡。

2）定子转子磁路不平均。

3）定子绕组短路。

4）定子绕组接线错误。

5）定子绕组断路（开路）。

经现场观察，电源三相电压之间相差尚不足1%，因此不会因电压不平衡引起三相空载电流相差1/5以上。另外，仅定子与转子磁路不平均，也不会使三相空载电流相差1/5以上。其次，定子绕组短路还会同时发生电动机过热或冒烟等现象，可是该电动机既不过热，又未发生冒烟，可以断定定子绕组无短路故障。关于绕组接线错误，对于以前使用正常，只进行一般维护保养而未进行定子绕组重绕，不存在定子绕组连线错误的问题。经过以上分析和筛选，完全排除了前四种原因。

经过分析定子绕组断路情况，当定子绕组为△联结时，若某处断路，定子绕组将成为丫联结，由基本电工理论可知，A相电流大，B、C两相电流小，且基本相当。此时，若定子绕组接线正确，定子绕组每相所有磁极位置是对称的，一相整个断电，转子所受其他两相的转矩仍然是平衡的，电动机不会产生剧烈振动。但该电动机振动比平常剧烈，而电动机振动剧烈是由转子所受转矩不平衡所致，因此可断定三相空载电流相差1/5以上，不是由于定子绕组整相断路所致。如图5-14所示，如果B、C相绕组在y处断路，三相负载电流仍然是A相大，B、C两相小，并且此时转子所受转矩不平衡，电动机较正常时振动剧烈。这是因为，在y处不发生断路时，双路绕组在定子内的位置是对称的；若y处发生断路，原来定子绕组分布状态遭到破坏，此时转子只受到一边的转矩，所以发生振动。从以上分析可以确定，这台电动机的故障是定子双路并联绕组中有一路断路，引起三相空载电流不平衡，并使电动机发生剧烈振动。

6. 试电笔检查法

试电笔是电工诊断检修电气故障最常用的工具之一。灵活应用试电笔，可以安全、快捷、方便地找到故障部位。

1）试电笔检查交流电路断路故障的方法如图 5-15 所示。测试时，应根据电路原理图，**用试电笔依次测量各个测试点**，测到哪点试电笔不亮，即表示该点为断路处。

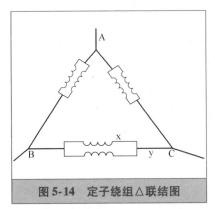

图 5-14　定子绕组△联结图

检查前应先在带电设备上进行试验，确定试电笔是否良好

图 5-15　试电笔检查法

2）试电笔检查直流电路断路故障时，可以先用试电笔检测直流电源的正、负极。氖管前端明亮时为负极，氖管后端（手持端）明亮时为正极。也可从亮度判断，正极比负极亮一些。试电笔测量交流电、直流电时的发光情况如图 5-16 所示，交流氖管通身亮，直流氖管亮一端。

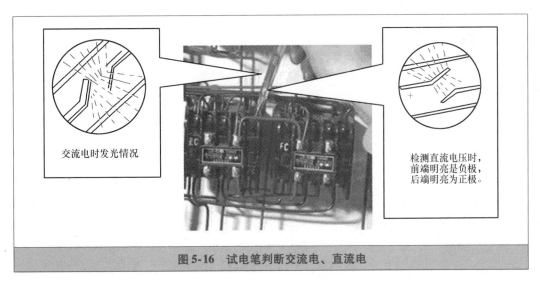

交流电时发光情况

检测直流电压时，前端明亮是负极，后端明亮为正极。

图 5-16　试电笔判断交流电、直流电

确定了正、负极后，根据直流电路中正、负电压的分界点在耗能元器件两端的原理，逐一对故障段上的元器件两端进行测试，若在非耗能元器件两端分别测得正、负电压，则说明断路点就在该元器件内。在用试电笔测到直流接触器的正、负两端时，如果测出两端分别是正、负电压，而 KM 不吸合，则一般为 KM 线圈断路。

【重要提醒】

用电子式感应电笔查找控制电路断路故障非常方便。手触断点检测按钮，用笔头沿着电路在绝缘层上移动，若在某一点处显示窗显示的符号消失，则该点就是断点位置。

7. 推理法

电气装置中各组成部分和功能都有其内在的联系，例如连接顺序、动作顺序、电流流向、电压分配等都有其特定的规律，因而某一部件、组件、元器件的故障必然影响其他部分，表现出特有的故障现象。在分析电气故障时，常常需要从这一故障联系到对其他部分的影响或由某一故障现象找出故障的根源。

推理法是常用的检修方法。在某些情况下，逆推理法要快捷一些。因为逆推理时，只要找到了故障部位，就不必再往下查找了。

【重要提醒】

查找电气故障时，常常需要将实物和电气图进行对照。然而，电气图种类繁多，因此需要从查找故障方便出发，将一种形式的图变换成另一种形式的图。其中最常用的是将设备布置接线图变换成电路图，将集中式布置图变换成分开式布置图。

5.3.3 电气设备故障维修程序

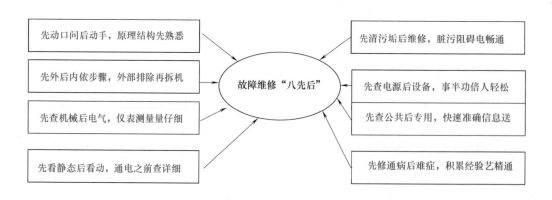

1. 先动口问后动手，原理结构先熟悉

对于有故障的电气设备，不应急于动手，应先询问清楚故障的前因后果。对于陌生的设备，还应先熟悉电路原理和结构特点，掌握其使用方法及规则。

拆卸前，要充分熟悉每个电气部件的功能、位置、连接方式以及与四周其他器件的关系，在没有组装图或接线图的情况下，应一边拆卸，一边画草图，并记上标记或编号，如图 5-17 所示。

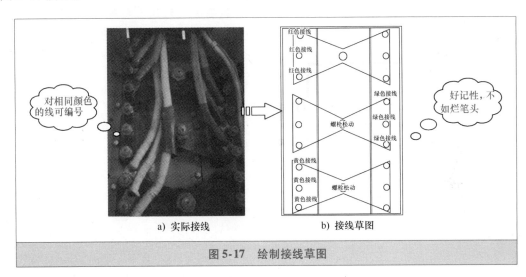

图 5-17　绘制接线草图

2. 先外后内依步骤，外部排除再拆机

先检查设备有无明显裂痕、缺损，了解其维修史、使用年限等，然后再对机内进行检查。拆机前应排除周边的故障因素，确定为机内故障后才能拆卸，否则盲目拆卸，可能将设备越修越坏。

3. 先查机械后电气，仪表测量量仔细

在确定机械部件无故障后，再进行电气方面的检查。检查电路故障时，一般利用检测仪器进行测量来寻找故障部位，确认无接触不良故障后，再有针对性地查看电路与机械的运作关系，以免误判。

4. 先看静态后看动，通电之前查详细

静态，是指发生故障后，在不通电的情况下，对电气设备进行检测；**动态**，是指通电后对电气设备的检测。

电气设备检修时，不能立即通电，否则会人为扩大故障范围，烧毁更多的元器件，造成不应有的损失。如在设备未通电时，判定电气设备按钮、接触器、热继电器以及熔丝的好坏，从而判定故障的所在（进行电阻测量即可判定其好坏）。通电试验，听其声、测参数、判定故障，最后进行维修。如在电动机断相时，若测量三相电压值无法判别时，就应该听其声，单独测每相对地电压，才可判定哪一相缺损。

5. 先清污垢后维修，脏污阻碍电畅通

对污染较重的电气设备，先对其按钮、接线点、接触点进行清洁，检查外部控制键是否失灵。许多故障都是由脏污及导电尘块引起的，一经清洁，故障往往会排除。该方法对于检修"软故障"特别有效。

6. 先查电源后设备，事半功倍人轻松

电源部分的故障率在整个故障设备中占的比例很高，所以**先检修电源**，往往**可以事半功倍**，快速找到故障点。

7. 先查公共后专用，快速准确信息送

任何电气系统的公用电路出故障，其能量、信息就无法传送、分配到各个专用电路，导致专用电路的功能、性能不发挥作用。**遵循先公用电路、后专用电路的顺序**，就能快速、准确地排除电气设备的故障。

8. 先修通病后难症，积累经验艺精通

电气设备经常容易产生相同类型的故障就是"通病"。由于通病比较常见，维修人员积累的经验较丰富，因此可快速排除。这样可集中精力和时间排除比较少见、难度高、古怪的疑难杂症，简化步骤、缩小范围、提高检修速度。

130

【重要提醒】

掌握诊断要诀，一要有的放矢，二要机动灵活。"六诊"要有的放矢；"八法"要机动灵活；"八先后"也并非一成不变。

在电气控制电路中，可能发生故障的线路和电器较多。有的明显，有的隐蔽；有的简单，易于排除；有的复杂，难于检查。在诊断检修故障时，应灵活使用上述修理方法，及时排除故障，确保生产的正常进行。

检修中注意书面记录，积累有关资料，不断总结经验，才能成为诊断电气设备故障的行家里手。

第 **6** 章

常用电气安装

6.1 室内配电线路安装

6.1.1 室内配电线路安装基础

1. 室内配电线路安装的基本要求

室内线路配线可分为明敷和暗敷两种。无论何种配线方式，都必须符合室内配线的基本要求——安全、可靠、方便、美观、经济，其含义见表6-1。

表6-1 室内配线的基本要求

基本要求	说　明
安全	室内配线及电器设备必须保证安全运行
可靠	保证线路供电的可靠性和室内电器设备运行的可靠性
方便	保证施工和运行操作及维修的方便
美观	室内配线及电器设备安装应有助于建筑物的美化
经济	在保证安全、可靠、方便、美观的前提下，应考虑其经济性，做到合理施工，节约资金

2. 室内配电线路安装的技术要求

1）导线的额定电压、绝缘等级、截面积等指标应能满足安全供电的要求。

2）配线时应尽量避免导线有接头。敷设在电线管内的导线，在任何情况下都不能有接头，必要时将接头放在接线盒内，如图6-1所示。

图 6-1　必须有接头时设置在接线盒内

3）导线明敷设要保持横平竖直。导线暗敷设应尽量转大弯（大于90°），走直线，如图6-2所示。

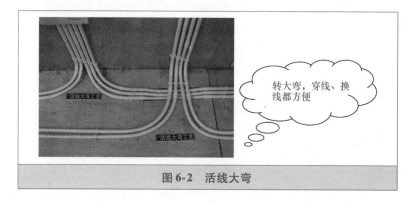

图 6-2　活线大弯

4）强电与弱电不能平行走线，更不能穿在同一管内。如因环境所限，要平行走线，则要远离50cm以上，如图6-3所示。

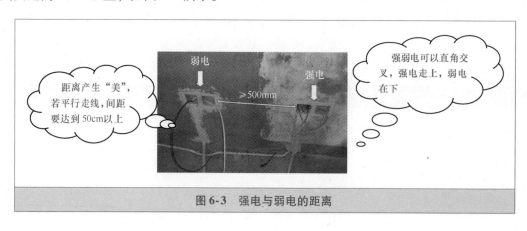

图 6-3　强电与弱电的距离

6.1.2　电线管配电线路安装

1. 电线管选择原则

用于室内布线敷设的线管有白铁管、钢管和硬塑料管，其使用场合见表6-2。

表 6-2　线管种类及使用场合

线管名称	使用场合	最小允许管径
白铁管	适用于潮湿和有腐蚀气体场所内明敷或埋地	最小管径应大于内径 9.5mm
钢管	适用于干燥场所以及有火灾或爆炸危险的场所的明敷或暗敷	最小管径应大于内径 9.5mm
硬塑料管	适用于腐蚀性较强的场所明敷或暗敷	最小管径应大于内径 10.5mm

2. 线路共管敷设的条件

不同电压、不同回路、不同电流种类的导线，不得同穿在一根管内。只有在下列情况时才能共穿一根管。

1）一台电动机的所有回路，包括主回路和控制回路。

2）同一台设备或同一条流水作业线多台电动机和无防干扰要求的控制回路。

3）无防干扰要求的各种用电设备的信号回路、测量回路及控制回路。

4）电压相同的同类照明支线可以共穿一根管，但导线的总截面积不能超过电线管内截面积的 40%，如图 6-4 所示。工作照明和应急照明不能同穿一根管。

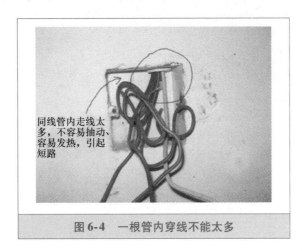

同线管内走线太多，不容易抽动、容易发热，引起短路

图 6-4　一根管内穿线不能太多

【重要提醒】

禁止将互为备用的回路敷设在同一根管内。控制线和动力线路共管时，如果线路长而且弯多，控制线的截面不得小于动力线截面的 10%，否则应该分开敷设。

3. 电线管敷设方式

电线管敷设主要有以下三种方式。

1）明敷设：电线沿墙、顶棚、梁、柱等处敷设。

2）暗敷设：电线穿管埋设于墙壁、地面、楼板、吊顶等内部敷设。

3）架空敷设：线管在室内架空，适于工厂采用，管线多、管径大，用高、低支架支承。

4. 电线管配线施工一般工序

具体来说，电线管配线工程施工一般工序如下：

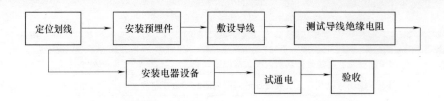

定位划线 → 安装预埋件 → 敷设导线 → 测试导线绝缘电阻 →

安装电器设备 → 试通电 → 验收

记忆口诀

室内布线工序

熟悉图样备好料，预埋管件先做好。

导线敷设重安全，美观适用也重要。

插座开关及灯具，土建结束后接线。

通电检查不可少，各种因素考虑到。

工程竣工要验收，保存详图及资料。

电线管敷设施工

预埋管路须防护，管子应埋墙中心。

结构埋管要除锈，土墙内刷防腐漆。

线管钢筋宜绑扎，主筋与管焊不得。

小管宜用螺纹连，套焊对接也可以。

七十以上明配管，允许使用套管焊。

管口对准套中心，套长尺寸要标准。

二点二倍管外径，薄管套焊绝不许。

管箍连接跨地线，每端必须两面焊。

地线直径按规定，扁钢施焊要三面。

扁钢焊长2倍宽，管子焊长6d圆。

主筋当作避雷线，引下部分要接焊。

接地电阻先测记，隐检示意画齐全。

TN—S来供电，保护地线箱盒连。

壁厚小于2毫米，不做地线压接点。

线管进出箱盒处，采用螺纹锁母线。

线管暗敷进箱盒，宜在四周做点焊。

点焊仅做三五处，焊口防腐漆两遍。

交流低于五十伏，直流百二为界限。

属于安全电压档，配管不作跨接线。

消防按钮接线盒，莫装暗箱墙后面。

预埋工作都结束，接地连接要完全。

工序完结做隐蔽，及时检查做验收。
隐蔽内容分五点，项目部位写周全。
地带连接接地极，结构内埋电线管。
不能进入吊顶中，隐蔽要做敷设管。
直埋电缆莫漏掉，品种规格一起填。
记录内容写详细，不能应付嫌麻烦。
三方验收都签字，存好资料进档案。
工程变更出洽商，难点要找设计院。

下 线 安 装

工程配合一大半，安装穿线有条件。
结构工程已核验，砖混装修初步完。
成品保护有保障，管内干燥保绝缘。
为了安全好施工，导线颜色要分清。
干线颜色可不分，箱盒支路要明显。
零线应为淡蓝色，相线分成黄绿红。
绿黄双色为 PE，不可随便乱选用。
暗配管路各部位，严格连接要紧密。
导线不能有明露，箱盒盖板要封闭。
鼠害火灾要预防，安全供电有保证。
导线连接有规定，熔焊缠绕绝不行。
压线帽子螺旋钮，单股铝线可采用。
线鼻截面要相符，铜铝连接要过渡。
箱内配线扎成束，盒内连接有余留。
干净整齐无污染，护口配齐有标签。
箱板活门宜接地，PEN 线分明显。
单相插座讲安全，左零右相上地线。
三相下面成三角，地线孔大在上边。
灯具开关安装完，横平竖直讲美观。
明装按照顺序做，每道工序都预检。

检 查 验 收

明配管路要预检，内容包括七方面。
品种规格与标高，位置固定和外观。
防腐处理莫落掉，包括吊顶内部管。
预检随着工序做，检查还有诸方面。
变配装置电源线，灯具开关和电缆。

强弱插座都应有，线槽桥架和托盘。

电源出口方向准，设备位置不能偏。

安装尺寸都相符，参检人员把名签。

每道工序要小结，班组自检与互检。

质量评定要同步，内容要求填齐全。

保证项目要安全，基本项目要抽检。

实测项目要量测，各项标出百分点。

及时总结做评比，团结共闯质量关。

导线穿完测绝缘，认真记录莫等闲。

设备动力与照明，主支线路要齐全。

系统防雷与保护，工作接地防静电。

接地工作都要做，画好示意做隐检。

安装工作做完后，接着运行做试验。

自控电机与加热，信号音响和天线。

消防电视和电话，监控蓄电和发电。

单机调完综合试，试运记录要俱全。

高级建筑莫忘掉，全载负荷要试验。

试运时间有定限，参看规定和规范。

安装试运工序完，质量总评最后签。

末了要做竣工图，变更洽商细查看。

认真筹划和校核，工程优质不困难。

5. 线管加工

根据使用需要，线管应按实际需要进行切断，有的地方还需要对线管进行弯曲。

（1）线管切断

PVC 线管的切断可以用钢锯或者特制剪刀；金属电线管的切断可以用钢锯或者专用截管器。

（2）PVC 管的弯曲

PVC 电线管的弯曲半径不小于配管外径的 10 倍，如图 6-5 所示。例如，电线管本身直径 10mm，在弯管时形成的圆弧半径不得小于 100mm，否则会影响电线穿管。

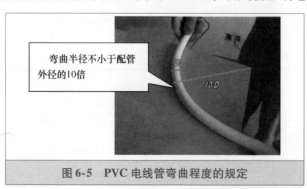

弯曲半径不小于配管外径的10倍

10 D

图6-5　PVC 电线管弯曲程度的规定

PVC 管的管径 **32mm** 以下采用冷弯，冷弯方式有弹簧弯管和弯管器弯管；管径 **32mm** 以上宜用热弯。PVC 管的弯管方式及方法见表 6-3。

表 6-3　PVC 管弯管方式及方法

弯管方式	适 宜 情 况		操 作 说 明
冷弯	管径 32mm 以下	弹簧弯管	先将弹簧插入管内，如图 6-6 所示，两手用力慢慢弯曲管子，考虑到管子的回弹，弯曲角度要稍大一些。当弹簧不易取出时，可逆时针转动弯管，使弹簧外径收缩，同时往外拉弹簧即可取出
		弯管器弯管	将已插好弯管弹簧的管子插入配套的弯管器中，用手在弯管器的两端扳一次即可弯出所需弯度的管子
热弯	管径 32mm 以上宜用热弯		热弯时，热源可用热风、热水浴、油浴等加热，温度应控制在 80 ~ 100℃之间，同时应使加热部分均匀受热，为加速弯头恢复硬化，可用冷水布抹拭冷却

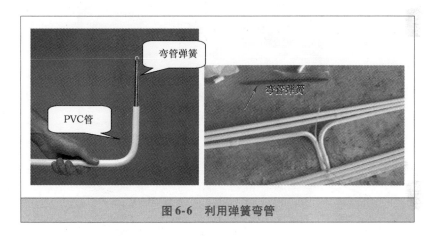

图 6-6　利用弹簧弯管

（3）PVC 电线管的连接

PVC 管的连接方法见表 6-4。

表 6-4　PVC 电线管的连接方法

连 接 方 式	连 接 方 法
管接头（或套管）连接	将管接头或套管（可用比连接管管径大一级的同类管料做套管）及管子清理干净，在管子接头表面均匀刷一层 PVC 胶水后，立即将刷好胶水的管头插入接头内，不要扭转，保持约 15s 不动，即可贴牢，如图 6-7 所示
插入法连接	将两根管子的管口，一根内倒角，一根外倒角，加热内倒角塑料管至 145℃ 左右，将外倒角管涂一层 PVC 胶水后，迅速插入内倒角管，并立即用湿布冷却，使管子恢复硬度
伸缩缝处的连接	如果是明装管线，那么在经过伸缩缝处的两端加两个过线盒，中间用软管连接，软管要留有一定的余量，用来补偿伸缩 如果是暗配管，两边各加一个过线盒，其中一边的过线盒用螺圈并接上一段管子，另一边的过线盒子开一个通长的孔至混凝土外，让对面的管线伸进后，可以自由伸缩

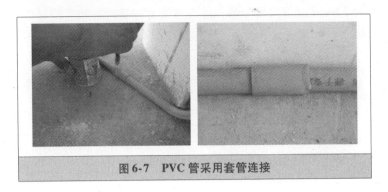

图 6-7　PVC 管采用套管连接

PVC 管与开关盒（箱）的连接方法是，先将入盒接头和入盒锁扣紧固在盒（箱）壁；将入盒接头及管子插入段擦干净；在插入段外壁周围涂抹专用 PVC 胶水；用力将管子插入接头，插入后不得随意转动，待约 15s 后即完成，连接后的效果如图 6-8 所示。

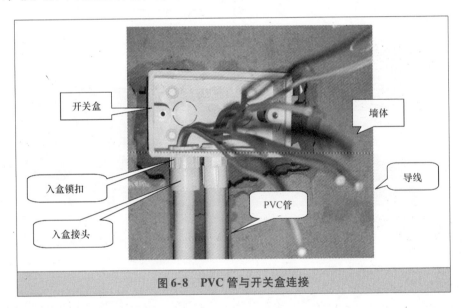

图 6-8　PVC 管与开关盒连接

6. 电线管敷设与固定

1）明配单根 PVC 管可用塑料管卡或开口管卡固定。先用木螺钉或塑料胀管把管卡固定住，再把管子压入到管卡的开口处内部。两根及以上配管并列敷设时，可用管卡子沿墙敷设或在吊架、支架上敷设。管卡与终端、转弯中点、电气器具或盒（箱）边缘的距离为 150 ~ 500mm。

2）室内装修采用线管暗敷设配线时，开槽完成后，将 PVC 管敷设在管槽中，PVC 管可用管卡固定，还可以在线管后面拧上木螺钉之后绑上铜线来固定，如图 6-9 所示。一般每隔 1 ~ 1.5m 用塑料管卡固定即可。

3）吊顶内的线管要用明管敷设的方式，不得将线管固定在平顶的吊架或龙骨上，接线盒的位置正好和龙骨错开，以便于日后检修，如图 6-10 所示。如果要用软管接到下面灯具的位置，软管的长度不能超过 1m。

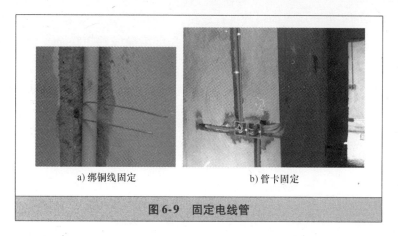

a) 绑铜线固定　　　　　　　　　　　b) 管卡固定

图 6-9　固定电线管

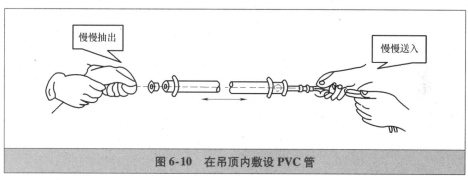

慢慢抽出

慢慢送入

图 6-10　在吊顶内敷设 PVC 管

【重要提醒】

在吊顶内敷设电线管时，应先装电线管，后吊顶。在有防火安全要求的公共场所建筑的吊顶内，应采用使用金属管敷设。

7. 穿线

如果管线较长，导线不能直接穿入，可用一根直径为 **1～1.6mm** 的引线钢丝先穿入管子，为了钢丝顺利穿入，可在钢丝的头部做一个小弯钩。如果管线中的弯头较多，穿入引线钢丝有难度，则可采用两根引线钢丝分别从管子的两端管口穿入的方法。为了使两根引线钢丝相互钩住，引线钢丝头部应做成较大的弯钩，如图 6-11 所示。当引线钢丝钩住后，可抽出其中的一根，管内留一根钢丝以备穿线用。

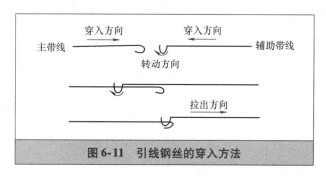

主带线　　穿入方向　　　　穿入方向　　辅助带线

转动方向

拉出方向

图 6-11　引线钢丝的穿入方法

1）根据管子的长度和所需的根数进行放线，并留有一定的余量。

2）将伸直的导线一端的绝缘层剥掉，剥掉长度粗导线约300mm，细导线约100mm，中截面导线约200mm。

3）把剥掉绝缘的两根或几根要穿同一管的导线对齐，细导线（独股导线）可将端部线芯弯回，直接用穿带引线绑扎，这个线接头就是穿线时的引线头部，如图6-12所示。

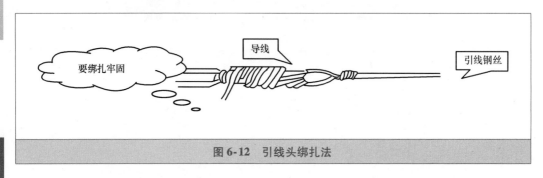

图6-12　引线头绑扎法

4）穿线时在管子两端口各有一人，一个人负责将导线束慢慢送入管内，另一个人负责慢慢抽出引线钢丝，要求步调一致。PVC管线线路一般使用单股硬导线，单股硬导线有一定的硬度，可直接将导线穿入管内，如图6-13所示。在线路穿线中，如遇月牙弯，导线不能穿过，可卸下月牙弯，待导线穿过后再安装；最后将塑料管连接好。

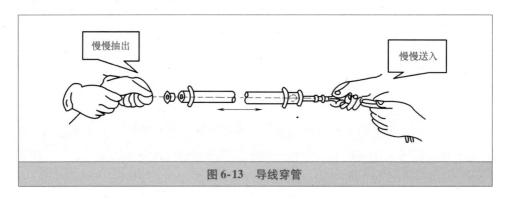

图6-13　导线穿管

8. 电线管配电注意事项

1）穿管导线的绝缘强度应不低于500V，导线最小截面的规定为：铜芯线1mm²，铝芯线2.5mm²。

2）线管内导线不准有接头，也不准穿入绝缘破损后经包缠恢复绝缘的导线。

3）交流回路中不许将单根导线单独穿于钢管内，以免产生涡流发热。同一交流回路中的导线，必须穿于同一钢管内。

4）线管线路应尽可能减少转角或弯曲。管口、管子连接处均应做密封处理，防止灰尘和水汽进入管内，明管管口应装防水弯头。

> **记忆口诀**
>
> **电线管配电事项**
>
> 穿线之前先清管，扫除灰尘和石渣。
> 管口毛刺应锉平，弯钩钢丝做引线。
> 勒直导线剖线头，两端都应做记号。
> 一端有人送导线，一端慢慢拉出来。

6.2　开关插座的安装

6.2.1　开关的安装

1. 开关安装的技术要求

1）照明开关或暗装开关一般安装在门边便于操作的地方，开关位置与灯具相对应。所有开关扳把接通或断开的方向应一致。

2）成排安装的开关高度应一致，高低差不应大于 2mm，拉线开关相邻间距一般不应小于 20mm。

3）拨动（又称扳把）开关距地面高度一般为 1.2～1.4m，距门框为 150～200mm。拉线开关距地面高度一般为 2.2～2.8m，距门框为 150～200mm，如图 6-14 所示。

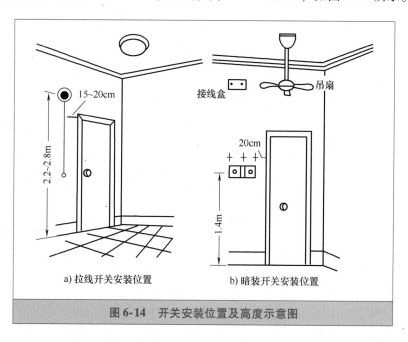

15~20cm
接线盒
吊扇
20cm
2.2~2.8m
1.4m
a) 拉线开关安装位置　　　b) 暗装开关安装位置

图 6-14　开关安装位置及高度示意图

4）暗装开关的盖板应端正、严密，并与墙面平。

5）明线敷设的开关应安装在厚度不小于 15mm 的木台上。

6）多尘潮湿场所（如浴室）应用防水瓷质拉线开关或加装保护箱。

7）**开关必须串联在相线（火线）上**。常用照明灯具接线原理如图 6-15 所示。

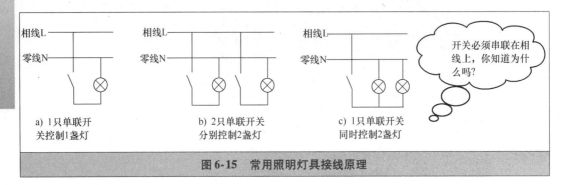

图 6-15　常用照明灯具接线原理

【重要提醒】

开关多用方向相反的手开闭，右手多于左手，一般在进门左侧，进门开关最好是荧光型的，以方便夜间进门时看得见开关位置。

2. 开关的安装

（1）预埋开关盒

预埋开关盒一般在电线管敷设时同步进行。开关、插座和必须**按测定的位置进行安装**，调整线盒与墙面平齐后并固定盒座，如图 6-16 所示。

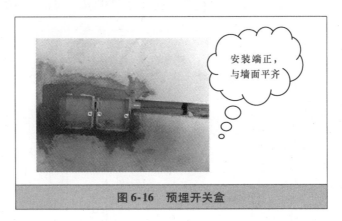

图 6-16　预埋开关盒

（2）开关的安装与接线

先将底盒内部清洁，再将相线接在开关的接线桩头上，最后用螺钉将开关面板固定在预埋的开关盒座上，如图 6-17 所示。

【重要提醒】

安装时，开关的开启方向应向下。同一场所开关的高度差小于 5mm，开关面板的垂直允许偏差小于 0.5mm。

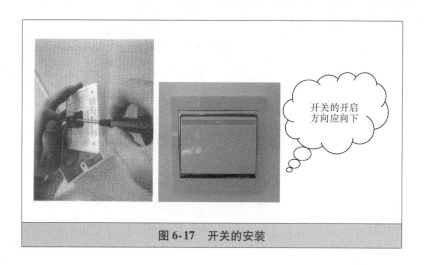

图 6-17　开关的安装

6.2.2　插座的安装

1. 电源插座安装的技术要求

1）为了安全和使用方便，插座的安装位置及高度如图 6-18 所示。

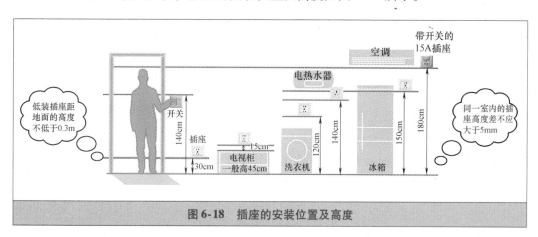

图 6-18　插座的安装位置及高度

2）单相两孔插座有横装和竖装两种。横装时，面对插座的右极接相线（L），左极接零线（中性线 N），即"**左零右相**"；竖装时，面对插座的上极接相线，下极接中性线，即"**上相下零**"。

3）单相三孔插座接线时，保护接地线（PE）应接在上方，下方的右极接相线，左极接中性线，即"**左零右相中 PE**"。单相插座的接线规定如图 6-19 所示。

常要插拔的小功率电器可用带开关插座，其接线方法如图 6-20 所示。

4）并排多个插座导线连接时，**不允许拱头连接**（多个线头同时插入插座的接线孔），应采用**缠绕或 LC 型压接帽压接**总头后，再进行分支线连接，如图 6-21 所示。

5）卫生间等比较潮湿的场所，要安装保护型 **防水防潮插座**，且安装高度不低于 1.5m。

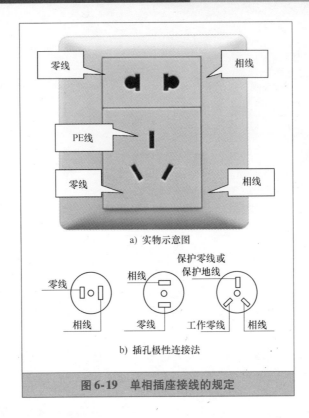

a) 实物示意图

b) 插孔极性连接法

图 6-19　单相插座接线的规定

图 6-20　开关控制插座的接线

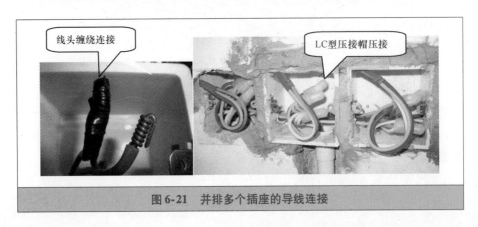

图 6-21　并排多个插座的导线连接

記忆口诀

插座安装接线

插座高度如何定，离地0.3或1.4m。

插座种类比较多，正确接线别出错。

两孔水平零在左，上下排列上为相。

三孔地线上孔地，左为零线右为相。

2. 插座的安装

暗装插座的安装步骤及方法见表6-5。

表 6-5　暗装插座的安装

步　　骤	操 作 方 法
1	将盒内甩出的导线留足够的维修长度，剥削出线芯，注意不要碰伤线芯
2	将导线按顺针方向盘绕在插座对应的接线柱上，然后旋紧压头。如果是单芯导线，可将线头直接插入接线孔内，再用螺钉将其压紧，注意线芯不得外露
3	将插座面板推入暗盒内
4	对正盒眼，用螺钉固定牢固。固定时要使面板端正，并与墙面平齐

安装时，插座的面板应平整、紧贴墙壁的表面，插座面板不得倾斜，相邻插座的间距及高度应保持一致，如图6-22所示。

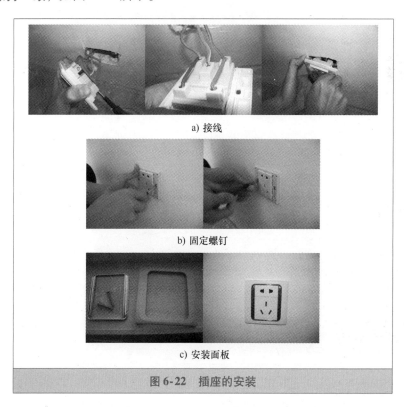

a) 接线

b) 固定螺钉

c) 安装面板

图 6-22　插座的安装

3. 插座安装后的验收

1）插座安装完毕，送电试运行前应按系统、按单元逐个**摇测线路**的**绝缘电阻**并做好记录，如图6-23所示。

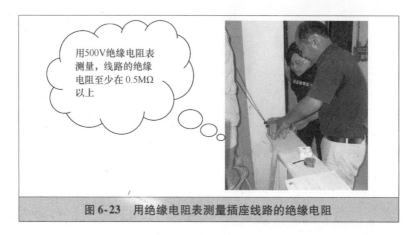

用500V绝缘电阻表测量，线路的绝缘电阻至少在0.5MΩ以上

图6-23　用绝缘电阻表测量插座线路的绝缘电阻

2）用验电器逐个检查时插座的接线是否正确，如有问题断电后及时进行修复，如图6-24所示。

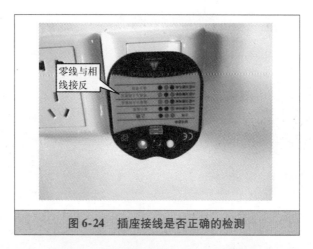

零线与相线接反

图6-24　插座接线是否正确的检测

3）插座底板并列安装时要求**高度一致**，允许的最大高度差不超过0.5mm，如图6-25所示。面板可通过吊坠线检测垂直度，允许偏差0.5mm。

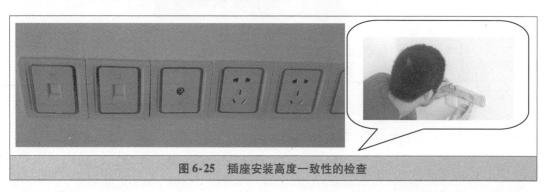

图6-25　插座安装高度一致性的检查

6.3　室内照明灯具安装

6.3.1　照明灯具安装的技术要求

1. 灯具安装一般要求

1）安装前，灯具及其配件应齐全，并应无机械损伤、变形、油漆剥落和灯罩破裂等缺陷。

2）根据灯具的安装场所及用途，引向每个灯具的导线线芯最小截面应符合有关规程规范的规定。

3）在砖石结构中安装电气照明装置时，应采用预埋吊钩、螺栓、螺钉、膨胀螺栓、尼龙塞或塑料塞固定，如图6-26所示；严禁使用木楔。当设计无规定时，上述固定件的承载能力应与电气照明装置的重量相匹配。

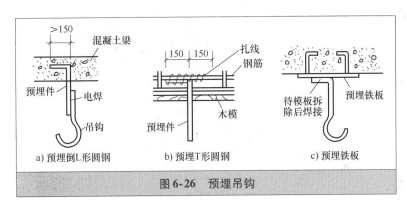

图6-26　预埋吊钩

4）在危险性较大及特殊危险场所，当灯具距地面高度小于2.4m时，应使用额定电压为36V及以下的照明灯具或采取保护措施。灯具不得直接安装在可燃物件上；当灯具表面高温部位靠近可燃物时，应采取隔热、散热措施。

5）在变电所内，高压、低压配电设备及母线的正上方，不应安装灯具。

6）室外安装的灯具，距地面的高度不宜小于3m；当在墙上安装时，距地面的高度不应小于2.5m。

7）安装螺口灯头时，相线应接在中心触头的端子上，零线应接在螺纹的端子上。

2. 几种灯具安装的特殊要求

1）采用钢管作灯具的吊杆时，钢管内径不应小于10mm；钢管壁厚度不应小于1.5mm。

2）吊链灯具的灯线不应受拉力，灯线应与吊链编叉在一起。

3）软线吊灯的软线两端应作保护扣；两端芯线应搪锡。

4）同一室内或场所成排安装的灯具，其中心线偏差不应大于5mm。

5）荧光灯和高压汞灯及其附件应配套使用，安装位置应便于检查和维修。

6）灯具固定应牢固可靠。每个灯具固定用的螺钉或螺栓不应少于2个；当绝缘台直径为75mm及以下时，可采用1个螺钉或螺栓固定。

7）无专人管理的公共场所照明灯具宜装设自动节能开关。

6.3.2 常用灯具安装

1. 灯具安装工艺流程

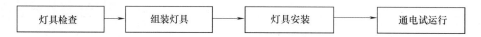

2. 组合吊灯的安装

大的吊灯安装于结构层上，如楼板、屋架下弦和梁上；小的吊灯常安装在搁栅上或补墙搁栅上。无论单个吊灯或组合吊灯，都由灯具厂一次配套生产，所不同的是，单个吊灯可直接安装，组合吊灯要在组合后安装或在安装时组合。对于大型吊灯，多采用吊杆悬吊或灯架的形式安装，如图6-27所示。

a) 吊杆悬吊方式　　　　b) 灯架方式

图6-27　吊灯的安装方式

吊灯的安装步骤及方法见表6-6。

表6-6　吊灯的安装步骤及方法

步骤	方　法	说　明
1	结构层检查	安装前，应检查天花板结构层的强度；如果在吊顶上安装吊灯，则应检查天花板的强度
2	定位	按照设计要求，对安装位置进行放线并定位
3	预埋铁件或木砖或膨胀螺栓	在混凝土天花板安装吊灯，可采用预埋铁件，穿透螺栓或膨胀螺栓固定，埋设位置应准确，并应有足够的调整余地
4	吊杆、吊索与过渡连接件连接	在预埋件上安装吊杆、吊索及过渡连接件
5	吊杆加套管	吊杆出吊顶顶棚面可采用直接出法和加套管的方法。加套管的做法有利于安装，可保证顶棚面板完整，仅在需要出管的位置钻孔即可。直接出顶棚的吊杯，安装时板面钻孔不易找正。有时可能采用先安装吊杆再截断面板挖孔安装的方法，但对装饰效果有影响

（续）

步骤	方　法	说　明
6	高低调节	吊杆上有一定长度的螺纹，可用于调节灯具的高低
7	吊杆、吊索与顶棚搁栅连接	吊杆、吊索可直接钉在次搁栅上
8	安装灯具和接线	吊灯上装有接线盒，用于对灯泡进行分组接线。在接线盒的接线应采取防止灯具跌落的措施

3. 吸顶灯安装

由于灯具的上部较平，紧靠屋顶安装，像是吸附在屋顶上的，人们把这种灯具称为吸顶灯，如图 6-28 所示。其光源有普通白炽灯、荧光灯、高强度气体放电灯、卤钨灯、节能灯、LED 灯等。吸顶灯的外形主要有圆形和方形，近年来也出现了其他形状的吸顶灯。

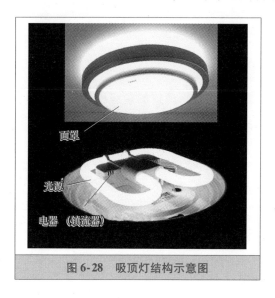

面罩

光源

电器（镇流器）

图 6-28　吸顶灯结构示意图

吸顶灯安装步骤和方法见表 6-7。

表 6-7　吸顶灯安装步骤和方法

步骤	方　法	说　明
1	检查结构层，确定安装方案	安装前，应检查结构层的强度。在砖石结构中安装吸顶灯时，应采用预埋螺栓，或用膨胀螺栓、尼龙塞或塑料塞固定（不可使用木楔）。固定件的承载能力应与吸顶灯的重量相匹配，以确保吸顶灯固定牢固、可靠，并可延长其使用寿命
2	定位、打洞	按照设计要求，对安装位置进行放线并定位
3	安装洞口边框	洞口边框一般为矩形，可用木条按照吸顶灯的开口大小在龙骨架做成空洞边框
4	固定底座	吸顶灯有圆形和方形底座，底座可用膨胀螺栓固定，也可用木螺钉在预埋木砖上固定。当采用膨胀螺栓固定时，应按产品的技术要求选择螺栓规格，其钻孔直径和埋设深度要与螺栓规格相符。每个灯具用于固定的螺栓或螺钉不应少于 2 个，且灯具的重心要与螺栓或螺钉的重心相吻合

（续）

步骤	方 法	说 明
5	固定嵌入装饰灯具	有的吸顶灯配置有装饰灯，可固定在专用的框架上。注意装饰灯的电源线不能贴近灯具外壳，且应在接线盒内留一定余量
6	接线	依据接线图连接好电源线（电源线的规格：铜芯软线不小于 $0.4mm^2$，铜芯硬线不小于 $0.5mm^2$）。接线时，导线与灯头的连接、灯头间并联导线的连接要牢固，电气接触应良好，以免由于接触不良，出现导线与接线端之间产生生火花，而发生危险
7	安装灯泡、灯罩	接线完毕，装上灯泡，并安装好灯罩。注意，装有白炽灯泡的吸顶灯具，灯泡不应紧贴灯罩；灯泡的功率应按产品技术要求选择，不可太大，以避免灯泡温度过高，玻璃罩破裂后向下溅落伤人

【重要提醒】

吸顶灯安装时应注意如下事项：

1）施工前应了解灯具的形式（定型产品，组装形式）、大小、连接构造，以便确定埋件位置和开口位置及大小。

2）熟悉吸顶灯平面图及接线详图。

3）吸顶灯与顶棚面板交接处，吸顶灯的边缘构件应压住面板或遮盖面板板缝。在大面积或长条板上安装点式吸顶灯，采用曲线锯挖孔。

4）组装式吸顶灯玻璃面，可选用菱形玻璃片、聚苯乙烯晶体片，或对普通玻璃、有机玻璃进行车、磨等表面处理，以避免折射和减少透射率，避免暗光。

4. 壁灯安装

壁灯一般安装在公共建筑楼梯、门厅、浴室、厨房、楼卧室等部位，如图6-29所示。壁灯的作用是补充室内一般照明。壁灯安装步骤和方法见表6-8。

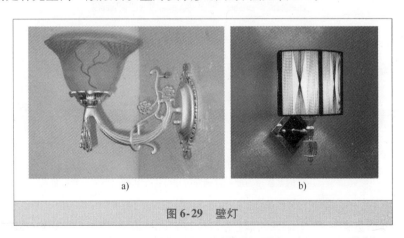

a)　　　　　　　　　　　　　　b)

图6-29　壁灯

表6-8　壁灯安装步骤和方法

步骤	方 法	说 明
1	定位	确定安装位置，壁灯的安装高度一般为灯具底座中心距离地面 $2 \sim 2.2m$，床头壁灯的安装高度为 $1.2 \sim 1.4m$。壁灯挑出墙面的距离，大约为 $0.1 \sim 0.4m$

（续）

步骤	方　法		说　明
2	配线和装灯	暗配线	先在安装面预埋接线盒，确定固定点。从接线盒内按照要求把壁灯的电源线接好，再用螺栓固定壁灯
		明配线	在安装壁灯的位置预埋木砖，将壁灯固定在木砖上。也可用膨胀螺栓将木台固定在墙面上，再把壁灯固定在木台上
3	固定灯具		采用预埋件或打孔的方法，将壁灯固定在墙壁上

【重要提醒】

床头壁灯大多装在床头的左上方，灯头可万向转动，光束集中，便于阅读；镜前壁灯多装在盥洗间镜子的上方。

5. 筒灯安装

筒灯属于嵌入式装饰灯具，通常安装在吊顶内开洞的位置，如图 6-30 所示。

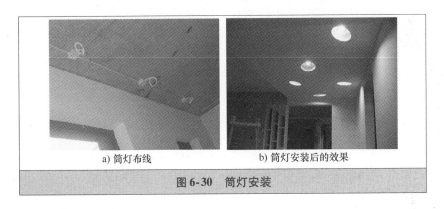

a) 筒灯布线　　　　　　　　b) 筒灯安装后的效果

图 6-30　筒灯安装

筒灯的安装步骤及方法见表 6-9。

表 6-9　筒灯的安装步骤及方法

步骤	方　法	说　明
1	钻孔	按照筒灯尺寸在吊顶安装位置划线、钻孔，注意孔径大小应合适
2	接线	将预留电源线与灯具自带的线连接，一般是红线或黄线与吊顶的相线连接，零线与零线连接（标准接法为十字交叉绞接），然后用绝缘胶布缠绕
3	调整底座	调整筒灯固定弹簧片上的蝶形螺母，让弹簧片的厚度与吊顶高度一致
4	安装灯泡	把筒灯推入吊顶开孔中，安装上合适的灯泡

【重要提醒】

近年来室内使用的灯具种类很多，尤其是新居装修时为了追求装饰效果，设计师采用了大量的灯具新产品，其中不乏一些我们没有学习到的灯具。其实，无论哪种照明灯具、装饰灯具的安装，最关键的是想方设法把灯具固定牢固，同时还要兼顾安全、美观、使用方便的问题。至于电源线与灯具的连接，这是比较简单的操作，但也不能粗心大意。灯具内的电线接头要牢固、绝缘措施要做好。

第7章

交流电动机及应用

7.1 电动机简介

7.1.1 电动机的种类

电动机是一种把电能转换为机械能的电磁装置，其工作原理是利用磁场对电流受力的作用，使转子转动。我们一般是根据电动机的分类来区别电动机的。电动机的分类见表7-1。

表 7-1 电动机种类

分类方法	种类		
按工作电源分	直流电动机	有刷直流电动机	永磁直流电动机
			电磁直流电动机
		无刷直流电动机	稀土永磁直流电动机
			铁氧体永磁直流电动机
			铝镍钴永磁直流电动机
	交流电动机	单相电动机	
		三相电动机	
按结构及工作原理分	同步电动机	永磁同步电动机	
		磁阻同步电动机	
		磁滞同步电动机	

（续）

分 类 方 法	种　类		
按结构及工作原理分	异步电动机	感应电动机	三相异步电动机
			单相异步电动机
			罩极异步电动机
		交流换向器电动机	单相串励电动机
			交直流两用电动机
			推斥电动机
按起动与运行方式分	电容起动式单相异步电动机		
	电容运转式单相异步电动机		
	电容起动运转式单相异步电动机		
	分相式单相异步电动机		
按用途分	驱动用电动机	电动工具用电动机（包括钻孔、抛光、磨光、开槽、切割、扩孔等工具用电动机）	
		家电用电动机（包括洗衣机、电风扇、电冰箱、空调器等电动机）	
		其他通用小型机械设备（包括各种小型机床、小型机械、医疗器械、电子仪器等用电动机）	
	控制用电动机	步进电动机	
		伺服电动机	
按转子结构分	笼型异步电动机		
	绕线转子异步电动机		
按运转速度分	高速电动机		
	低速电动机	齿轮减速电动机	
		电磁减速电动机	
		力矩电动机	
		爪极同步电动机	
	恒速电动机	有级恒速电动机	
		无级恒速电动机	
	调速电动机	有级变速电动机	
		无级变速电动机	
		电磁调速电动机	
		直流调速电动机	
		PWM 变频调速电动机	
		开关磁阻调速电动机	
按额定工作制	连续工作制（S1）、短时工作制（S2）、断续工作制（S3）		
按绝缘等级	A 级、E 级、B 级、F 级、H 级、C 级		
按通风冷却方式	自冷式、自扇冷式、他扇冷式、管道通风式、液体冷却、闭路循环气体冷却、表面冷却和内部冷却		
按防护形式	开启式（如 IP11、IP22）、封闭式（如 IP44、IP54）、网罩式、防滴式、防溅式、防水式、水密式、潜水式、隔爆式		

【重要提醒】

电动机已经应用在现代社会生活中的各个方面，能提供的**功率范围很大**，从毫瓦级到千瓦级。

电动机的寿命与绝缘劣化、滑动部分的磨损、轴承的劣化等各项要素有关，大部分视轴承状况而定。

7.1.2 电动机的型号及铭牌

1. 电动机型号含义

电动机型号由电动机的类型代号、特点代号和设计序号等三个部分组成。

电动机类型代号：Y—表示异步电动机；T—表示同步电动机。如某电动机的型号标识为：Y2-160M2-8，其含义见表7-2。

表7-2 电动机型号 Y2-160M2-8 的含义

标 识	含 义
Y	机型，表示异步电动机
2	设计序号，"2"表示第一次基础上改进设计的产品
160	中心高，是轴中心到机座平面高度
M2	机座长度规格，M 是中型，其中脚注 "2" 是 M 型铁心的第二种规格，"2" 型比 "1" 型的铁心长
8	极数，"8"是指 8 极电动机

2. 电动机铭牌

电动机铭牌如图7-1 所示，各个项目的含义见表7-3。

图7-1 电动机的铭牌示例

表7-3 电动机铭牌各个项目的含义

项 目	含 义
型号	表示电动机的系列品种、性能、防护结构形式、转子类型等产品代号
额定功率	指电动机在制造厂所规定的额定情况下运行时，其输出端的机械功率，单位一般为千瓦（kW）或马力，1 马力 = 0.736kW

（续）

项　　目	含　　义
电压	指电动机额定运行时，外加于定子绕组上的线电压，单位为伏（V）。一般规定电动机的工作电压不应高于或低于额定值的5%
电流	电动机在额定电压和额定频率下，并输出额定功率时定子绕组的三相线电流
接法	指定子三相绕组的接法，其接法应与电动机铭牌规定的接法相符，通常三相异步电动机自3kW以下者，连接成星形（Y）；自4kW以上者，连接成三角形（△）
额定频率	指电动机所接交流电源的频率，我国规定为50Hz±1Hz
转速	电动机在额定电压、额定频率、额定负载下，电动机每分钟的转速（r/min）。电动机转速与频率的公式为：$n = 60f/p$（其中，n—电动机的转速（r/min）；60—分钟与秒的换算关系；f—电源频率（Hz）；p—电动机旋转磁场的极对数）
额定效率	是指电动机在额定工况下运行时的效率，是额定输出功率与额定输入功率的比值。异步电动机的额定效率约为75%~92%
绝缘等级	是指电动机绕组采用的绝缘材料的耐热等级。电动机常用的绝缘材料，按其耐热性分有：A、E、B、F、H五种等级
工作制	是指电动机的运行方式。一般分为"连续"（代号为S1）、"短时"（代号为S2）、"断续"（代号为S3）
LP值	是指电动机的总噪声等级。LP值越小，表示电动机运行的噪声越低。噪声单位为dB

7.1.3　电动机的防护等级

电动机和低压电器的外壳防护包括两种防护，**第一种防护是对固体异物进入内部以及对人体触及内部带电部分或运动部分的防护**；**第二种防护是对水进入内部防护**。

外壳防护等级的标志方法如图7-2所示。其中，**第一位数字表示第一种防护形式等级；第二位数字表示第二种防护形式等级**，见表7-4。仅考虑一种防护时，另一位数字用"X"代替。前附加字母是电动机产品的附加字母，W表示气候防护式电动机，R表示管道通风式电动机；后附加字母也是电动机产品的附加字母，S表示在静止状态下进行第二种防护形式试验的电动机，M表示在运转状态下进行第二种防护形式试验的电动机。如不需特别说明，附加字母可以省略。

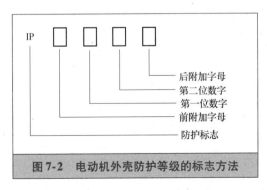

图 7-2　电动机外壳防护等级的标志方法

表7-4　电动机的外壳防护分级

第1位数字	对人体和固体异物的防护分级	第2位数字	对防止水进入的防护分级
0	无防护型	0	无防护型
1	半防护型（防止直径大于50mm的固体异物进入）	1	防滴水型（防止垂直滴水）
2	防护型（防止直径大于12mm的固体异物进入）	2	防滴水型（防止与垂直成 $\theta \leqslant 15°$ 的滴水）
3	封闭型（防止直径大于2.5mm的固体异物进入）	3	防淋水型（防护与垂直线成 $\theta \leqslant 60°$ 的淋水）
4	全封闭型（防止直径大于1mm的固体异物进入）	4	防溅水型（防护任何方向的溅水）
5	防尘型	5	防喷水型（防护任何方向的喷水）
		6	防海浪型或强加喷水
		7	防浸水型
		8	潜水型

例如，外壳防护等级为IP44，其中第1位数字"4"表示对人体触及和固体异物的防护等级（即电动机外壳能够防护直径大于1mm的固体异物触及或接近机壳内的带电部分或转动部分）；而第2位数字"4"则表示对防止水进入电动机内部的防护等级（即电动机外壳能够承受任何方向的溅水而无有害影响）。

【重要提醒】

电动机最常用的防护等级有IP11、IP21、IP22、IP23、IP44、IP54、IP55等。

7.1.4　电动机故障观察法

电动机运行或故障时，可通过看、听、闻、摸四种方法来及时预防和排除故障，保证电动机的安全运行。

1. 看

观察电动机运行过程中有无异常，其主要表现为以下几种情况：

1）定子绕组短路时，可能会看到电动机冒烟

2）电动机严重过载或断相运行时，转速会变慢且有较沉重的"嗡嗡"声

3）电动机正常运行，但突然停止时，会看到接线松脱处冒火花；熔断丝熔断或某部件被卡住等现象

4）若电动机剧烈振动，则可能是传动装置被卡住或电动机固定不良、底脚螺栓松动等

5）若电动机内接触点和连接处有变色、烧痕和烟迹等，则说明可能有局部过热、导体连接处接触不良或绕组烧毁等

2. 听

电动机正常运行时应发出均匀且较轻的"嗡嗡"声，无杂音和特别的声音。若发出噪

声太大，包括电磁噪声、轴承杂音、通风噪声、机械摩擦声等，均可能是故障先兆或故障现象。

如果电动机发出忽高忽低且沉重的电磁噪声，则原因可能有以下几种：

1）定子与转子间气隙不均匀，此时声音忽高忽低且高低音间隔时间不变，这是轴承磨损从而使定子与转子不同心所致

2）三相电流不平衡。这是三相绕组存在误接地、短路或接触不良等原因，若声音很沉闷，则说明电动机严重过载或断相运行

3）铁心松动。电动机在运行中因振动而使铁心固定螺栓松动造成铁心硅钢片松动，发出噪声

轴承杂音，应在电动机运行中经常监听。监听方法是，将螺丝刀一端顶住轴承安装部位，另一端贴近耳朵，便可听到轴承运转声。若轴承运转正常，其声音为连续而细小的"沙沙"声，不会有忽高忽低的变化及金属摩擦声。若出现以下几种声音则为不正常现象：

1）轴承运转时有"吱吱"声，这是金属摩擦声，一般为轴承缺油所致，应拆开轴承加注适量润滑脂

2）若出现"唧哩"声，这是滚珠转动时发出的声音，一般为润滑脂干涸或缺油引起，可加注适量油脂

3）若出现"喀喀"声或"嘎吱"声，则为轴承内滚珠不规则运动而产生的声音，这是轴承内滚珠损坏或电动机长期不用，润滑脂干涸所致

若传动机构和被传动机构发出连续而非忽高忽低的机械噪声，可分以下几种情况处理：

1）周期性"啪啪"声，这是传动带接头不平滑引起

2）周期性"咚咚"声，这是联轴器或带轮与轴间松动以及键或键槽磨损引起

3）不均匀的碰撞声，这是风叶碰撞风扇罩引起

3. 闻

通过闻气味即可判断及预防电动机的故障：

1）若发现有特殊的油漆味，说明电动机内部温度过高

2）若发现有很重的煳味或焦臭味，则可能是绝缘层被击穿或绕组已烧毁

4. 摸

摸电动机一些部位的温度也可判断故障原因。为确保安全，用手摸时应**用手背去碰触电动机外壳、轴承**周围部分。

若发现电动机温度异常，其原因可能有以下几种：

1）通风不良。 如风扇脱落、通风道堵塞等
2）过载。 致使电流过大而使定子绕组过热
3）定子绕组匝间短路或三相电流不平衡
4）频繁起动或制动
5）若轴承周围温度过高，则可能是轴承损坏或缺油所致

7.2　单相异步电动机及应用

7.2.1　单相异步电动机的结构

1. 外部结构

单相异步电动机是利用**单相交流电源 220V 供电**的一种小容量电动机，其容量一般为几瓦到几百瓦。其外部结构如图 7-3 所示，主要由机座、铁心、绕组、端盖、轴承、离心开关或起动继电器和 PTC 起动器、铭牌等组成。

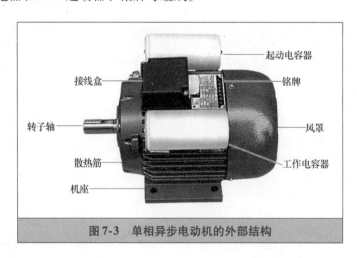

图 7-3　单相异步电动机的外部结构

2. 基本结构

在单相异步电动机中，专用电动机占有很大比例，它们的结构各有特点，型式繁多。但就其共性而言，**单相异步电动机的基本结构都由固定部分（定子）、转动部分（转子）和支撑部分（端盖和轴承）三大部分组成**，如图 7-4 所示。

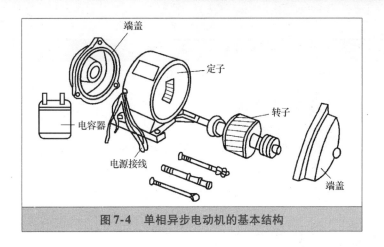

图 7-4　单相异步电动机的基本结构

7.2.2　单相异步电动机的种类

单相异步电动机种类很多，但在家用电器中使用的单相异步电动机按照起动和运行分，基本上只有**单相罩极式电动机**和**单相分相式异步电动机**两大类，见表 7-5。这些电动机的结构虽有差别，但是其基本工作原理是相同的。

表 7-5　家用电器中使用的单相异步电动机

种　类		实　物　图	结构图或原理图	结　构　特　点
单 相 罩极式电 动 机	凸极式罩极单相电动机			单相罩极式电动机的转子仍为笼型，定子有凸极式和隐极式两种，原理完全相同。一般采用结构简单的凸极式
	隐极式罩极单相电动机			
单 相 分相式异 步电动机	电阻起动单相异步电动机			单相分相式异步电动机在定子上除了装有单相主绕组外，还装了一个起动绕组，这两个绕组在空间成 90°电角度，起动时两绕组虽然接到同一个单相电源上，但可设法使两绕组电流不同相，这样两个空间位置正交的交流绕组通以时间上不同相的电流，在气隙中就能产生一个合成旋转磁场。起动结束，使起动绕组断开即可
	电容起动单相异步电动机			

（续）

种　类	实　物　图	结构图或原理图	结　构　特　点
单相分相式异步电动机	电容运转式单相异步电动机		单相分相式异步电动机在定子上除了装有单相主绕组外，还装了一个起动绕组，这两个绕组在空间成 90°电角度，起动时两绕组虽然接到同一个单相电源上，但可设法使两绕组电流不同相，这样两个空间位置正交的交流绕组通以时间上不同相的电流，在气隙中就能产生一个合成旋转磁场。起动结束，使起动绕组断开即可
	电容起动和运转式单相异步电动机		

7.2.3　单相异步电动机的调速

　　通过改变电源电压或电动机结构参数的方法，从而改变电动机转速的过程，称为调速。单相异步电动机常用的调速方法有以下几种。

1. 采用 PTC 零件调速

　　如图 7-5 为具有微风档的电风扇调速电路。微风风扇能够在 500r/min 以下送出风，如采用一般的调速方法，电动机在这样低的转速下很难起动。电路利用常温下 PTC 电阻很小，电动机在微风档直接起动，起动后，PTC 阻值增大，使电动机进入微风档运行。

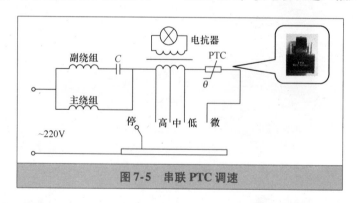

图 7-5　串联 PTC 调速

2. 采用串联电抗调速

　　如图 7-6 所示为采用电抗器降压的电风扇调速电路。将电动机主、副绕组并联后再串入具有抽头的电抗器，当转速开关处于不同位置时，电抗器的电压降不同，使电动机端电压改变而实现有级调速。调速开关接高速档，电动机绕组直接接电源，转速最高；调速开关接中、低速档，电动机绕组串联不同的电抗器，总电抗增大，转速降低。

160

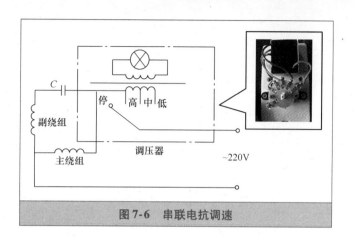

图 7-6 串联电抗调速

【重要提醒】

串联电抗调速比较灵活，电路结构简单、维修方便；但需要专用电抗器，成本高、耗能大，低速起动性能差。

3. 采用晶闸管调速

晶闸管调速是通过改变晶闸管的导通角来改变电动机的电压波形，从而改变电压的有效值，以达到调速的目的。

图 7-7 为吊扇使用的双向晶闸管调压调速电路。

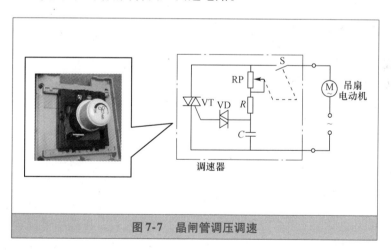

图 7-7 晶闸管调压调速

4. 采用绕组抽头调速

绕组抽头法调速，实际上是把电抗器调速法的电抗嵌入定子槽中，通过改变中间绕组与主、**副绕组的连接方式**，来调节磁场的大小和椭圆度，从而调节电动机的转速。采用这种方法调速，节省了电抗器，成本低、功耗小、性能好，但工艺较复杂。实际应用中有 **L 型和 T 型**绕组抽头调速两种方法。

1）L 型绕组的抽头调速。L 型绕组的抽头调速有三种方式，如图 7-8 所示。

2）T 型绕组的抽头调速，如图 7-9 所示。

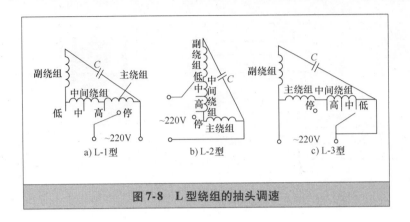

图7-8　L型绕组的抽头调速

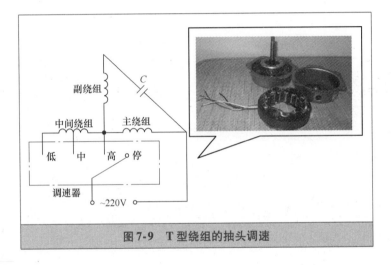

图7-9　T型绕组的抽头调速

【重要提醒】

单相异步电动机的调速很多，上面介绍是几种比较常见的方法，此外，自耦变压器调压调速、串接电容器调速和变极调速等方法在某些场合也常常运用。

7.2.4　单相电动机电容器的选配

电容是采用电容分相的单相异步电动机必不可少的元件。**电容选择是否恰当，对单相异步电动机的起动或运行有很大的影响。**

单相电容起动异步电动机起动电容选配见表7-6，单相电容运转异步电动机运转电容选配表7-7，单相双值电容异步电动机电容选配见表7-8。

表7-6　单相电容起动异步电动机起动电容选配

电动机额定功率/W	120	180	250	370	550	750	1100	1500	2200
电容量/μF	75	75	100	100	150	200	300	400	500

表 7-7　单相电容运转异步电动机运转电容选配

电动机额定功率/W	15		25		40		60		90		120		150	
极数	2	4	2	4	2	4	2	4	2	4	2	4	2	4
电容量/μF	1	1	1	2	2	2	2	4	4	4	4	6	6	

表 7-8　单相双值电容异步电动机电容选配

电动机额定功率/W	250	370	550	750	1100	1500	2200	3000
起动电容器/μF	75	100	100	150	150	250	350	500
运转电容器/μF	12	16	16	20	30	35	50	70

7.3　三相异步电动机及应用

7.3.1　三相交流异步电动机的结构

虽然三相异步电动机的种类较多，例如绕线转子异步电动机、笼型异步电动机等，但其结构基本是相同的，主要由**定子**、**转子**以及**其他附件**组成，如图 7-10 所示。

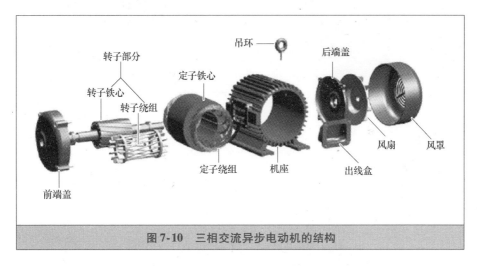

图 7-10　三相交流异步电动机的结构

1）**定子**是三相异步电动机的**静止部分**，主要包括定子铁心、定子绕组和机座等部件。

2）**转子**是三相异步电动机的**旋转部分**，主要包括转子铁心、转子绕组和转轴等部件。

3）三相异步电动机的**其他附件**包括端盖、轴承、轴承盖、接线盒、风扇和罩壳等部件。

7.3.2　三相绕组的连接

1. 星形（Ｙ）和三角形（△）联结

三相异步电动机的定子绕组是异步电动机的电路部分，它由三相对称绕组组成并按一定的空间角度依次嵌放在定子槽内。

一般笼型电动机的接线盒中有 6 根引出线，标有 A、B、C，X、Y、Z。其中：AX 是第一相绕组的两端；BY 是第二相绕组的两端；CZ 是第三相绕组的两端。如果 A、B、C 分别为三相绕组的始端（头），则 X、Y、Z 是相应的末端（尾）。这六个引出线端在接电源之前，相互间必须正确连接。

三相定子绕组按电源电压的不同和电动机铭牌上的要求，可接成星形（Y）或三角形（△）联结两种形式，见表7-9。

表 7-9　异步电动机三相绕组的连接法

绕组连接法	接线实物图	接线示意图	接线原理图
星形联结（Y）			
三角形联结（△）			

（1）星形联结

将三相绕组的尾端 X、Y、Z 短接在一起，首端 A、B、C 分别接三相电源。

（2）三角形联结

把三相线圈的每一相绕组的首尾端依次相接。即将第一相的尾端 X 与第二相的首端 B 短接，第二相的尾端 Y 与第三相的首端 C 短接，第三相的尾端 Z 与第一相的首端 A 短接；然后将三个接点分别接到三相电源上。

> **记忆口诀**
>
> **星形、三角形联结**
>
> 电机接线分两种，星形以及三角形。
> 额定电压 220V，一般采用星形法，
> 三相绕组一端接，另端分别接电源，
> 形状就像字母"Y"。额定电压 380V，
> 三相绕组首尾接，形成一个三角形，
> 顶端再接相电源，就是所谓角接法。
> 电机接法厂确定，不能随意去更改。

【重要提醒】

三相异步电动机不管是星形联结还是三角形联结，调换三相电源的任意两相，就可得到相反的转向（正转或者反转）。

无论星形联结还是三角形联结，其**线电压、线电流都是相同的**。不同的是线圈绕组的电流、电压。星形联结时，线圈通过的电压是相电压（220V），特点是电压低、电流大；三角形联结时，线圈通过的电压是 380V，特点是电压高、电流小。

2. 三相电动机绕组首尾端的判别

当电动机的六个出线端标号失落或不清或更换绕组之后，就需要查出哪两个出线端是属于同一相。判别电动机各相绕组首尾端的方法比较多，这里介绍的是利用万用表毫安档判别绕组首尾端的方法。

（1）先判断出同相绕组

先将万用表置于"$R \times 1k$"或"$R \times 100$"档，判断出电动机三相绕组引出的六个端子中每相绕组的两个端子，如图 7-11 所示。

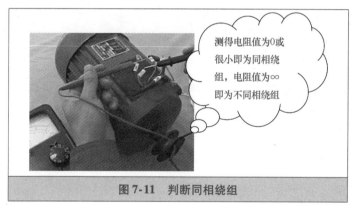

测得电阻值为0或很小即为同相绕组，电阻值为∞即为不同相绕组

图 7-11　判断同相绕组

（2）判断三相绕组的首端和尾端

从三相绕组的每相绕组中各取一个端子短接在一起，假设它们为首端，另外 3 个端子作为尾端，3 根线头也短接起来。万用表置于最小电流档（如 50mA 档），将假定为首端的 3 根导线短接起来后与红表笔头缠在一起，假定尾端的 3 根导线短接起来后与黑表笔头缠在一起，用一只手转动电动机的转子，用眼仔细观察表针是否摆动，表针不动，说明假定正确；表针摆动，说明假定错误。整个判断过程如图 7-12 所示。

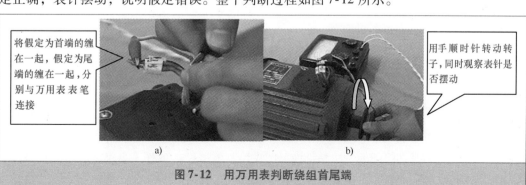

将假定为首端的缠在一起，假定为尾端的缠在一起，分别与万用表表笔连接

用手顺时针转动转子，同时观察表针是否摆动

a)　　　　　　　b)

图 7-12　用万用表判断绕组首尾端

165

7.3.3 三相异步电动机的运行与维修

1. 三相异步电动机运行维护要点

1）经常保持电动机清洁，进风口、出风口保持畅通，不允许有水滴、油垢或飞尘落入电动机内部。

2）用仪表检查电源电压和电流的变化情况，一般电动机允许电压波动为定电压的±5%，三相电压之差不得大于5%，并要注意判断是否断相运行。各相电流不平衡值不得超过10%（见图7-13），否则必须查明电流不平衡的原因，采取补救措施后才能继续使用。

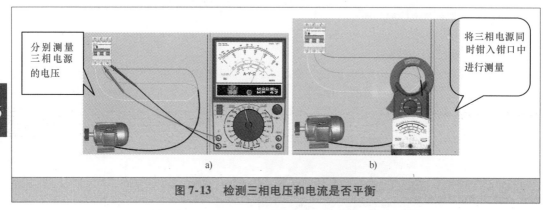

图7-13 检测三相电压和电流是否平衡

3）经常检查**轴承温度**、**润滑**情况，轴承是否过热、漏电。在定期更换润滑油时，应先用柴油（或者煤油）洗清，再用汽油洗干净，并检查一下磨损情况。如果间隙过大或损坏，则应更新，如图7-14所示；如果无损缺，则加黄油，其量不宜超过轴承内容积的70%。

图7-14 检查轴承

4）定期**检查电动机的温升**，应注意温升不得超过最大允许值。若电动机超过额定温度，那么电动机的温度每升高10℃，则电动机的寿命将缩短一半。

检查电动机温升最简便的方法是手摸，即先用测电笔试一下外壳是否带电，或检查一下外壳接地是否良好。然后，将手背放在电动机外壳上，若烫得缩手，说明电动机已经过热。

由于电动机的部件较多，发生故障的部位及原因也较多，比较精确的方法是利用红外热像仪测量电动机的温度，可分析电动机各个部位的发热情况，如图 7-15 所示。

图 7-15　用红外热像仪测量电动机的温度

5）如果**发现有不正常**噪声、振动、冒烟、焦味，应及时停车检查，排除故障后才可继续运行，并报告直接领导人。

6）对绕线转子电动机应**检查电刷与集电环**的接触情况，如图 7-16a 所示；**电刷磨损到原来的三分之二应更换**。如图 7-16b 所示。发现火花时，应**清理集电环表面**，用 0 号砂纸磨平，并校正电刷弹簧压力。

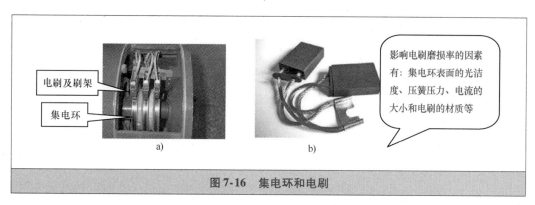

图 7-16　集电环和电刷

7）若供电突然中断，应立即断开总开关，并手动切换起动电器回到零位。

8）定期测量绕组的绝缘电阻，如图 7-17 所示，同时检查机壳接地是否良好。

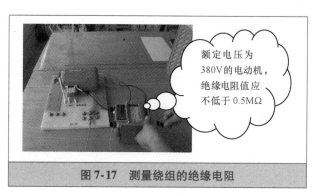

图 7-17　测量绕组的绝缘电阻

2. 电动机的定期维修

电动机定期维修包括小修和大修两种。小修属于一般检修，对电动机起动设备及其整体不做大的拆卸；大修应全部拆卸电动机，进行彻底检查和清理。

电动机定期小修检查项目见表7-10，定期大修检查项目见表7-11。

表7-10 电动机定期小修检查项目

项　目	检查内容	项　目	检查内容
清理电动机	1）清除和擦去电动机外壳的污垢 2）测量绝缘电阻	检查各个固定部分的螺钉和接地线	1）检查地脚螺钉是否紧固 2）检查端盖螺钉是否紧固 3）检查轴承盖螺钉是否松动 4）检查接地线是否良好
检查和清理电动机接线部分	1）清理接线盒污垢 2）检查接线部分螺钉是否松动、损坏 3）拧紧螺母	检查传动装置	1）检查传动装置是否可靠，传动带松紧是否适中 2）检查传动装置有无损坏
检查轴承	1）检查轴承是否缺油、有否漏油 2）检查轴承有无杂音以及磨损情况	检查和清理起动设备	1）清理外部污垢，清洁触头，检查是否有烧伤处 2）检查接地是否可靠，测量绝缘电阻

表7-11 电动机定期大修检查项目

项　目	检查内容	项　目	检查内容
清理电动机及起动设备	1）清除表面及内部各部分的油泥、污垢 2）清洗轴承	检查起动设备、测量仪表及保护装置	1）起动设备熔点是否良好，接线是否牢固 2）各种测量仪表是否良好 3）检查保护装置动作是否正确良好
检查电动机及起动设备的各种零部件	1）零部件是否齐全 2）零部件有无磨损 3）检查轴承润滑油是否变质，是否需要重新加油	检查传统装置	1）联轴器是否牢固 2）连接螺钉有无松动 3）检查传动带松紧程度
检查电动机绕组有无故障	1）绕组有无接地、短路、断路等现象 2）转子有无断裂 3）绝缘电阻是否符合要求	试车检查	1）测量绝缘电阻 2）安装是否牢稳 3）检查各转动部分是否灵活 4）检查电压、电流是否正常，是否有不正常振动和噪声
检查电动机定、转子铁心是否相擦	定子、转子是否有相擦痕迹，如有，应予以修正		

3. 三相异步电动机常见故障检修

三相异步电动机的常见故障现象、故障的可能原因以及相应的处理方法见表7-12，可供读者分析处理故障时参考。

表 7-12　三相异步电动机的常见故障及处理

故障现象	故障原因	处理方法
通电后电动机不能起动，但无异响，也无异味和冒烟	1）电源未通（至少两相未通） 2）熔丝熔断（至少两相熔断） 3）过电流继电器调得过小 4）控制设备接线错误	1）检查电源开关、接线盒处是否有断线，并予以修复 2）检查熔丝规格、熔断原因，换新熔丝 3）调节继电器整定值与电动机配合 4）改正接线
通电后电动机转不动，然后熔丝熔断	1）断一相电源 2）定子绕组相间短路 3）定子绕组接地 4）定子绕组接线错误 5）熔丝截面过小	1）找出电源回路断线处并接好 2）查出短路点，予以修复 3）查出接地点，予以消除 4）查出错接处，并改接正确 5）更换熔丝
通电后电动机转不动，但有嗡嗡声	1）定、转子绕组或电源有一相断路 2）绕组引出线或绕组内部接错 3）电源回路接点松动，接触电阻大 4）电动机负载过大或转子发卡 5）电源电压过低 6）轴承卡住	1）查明断路点，予以修复 2）判断绕组首尾端是否正确，将错接处改正 3）紧固松动的接线螺钉，用万用表判断各接点是否假接，予以修复 4）减载或查出并消除机械故障 5）检查三相绕组接线是否把△联结误接为Y联结，若误接，应更正 6）更换合格油脂或修复轴承
电动机起动困难，带额定负载时的转速低于额定值较多	1）电源电压过低 2）△联结电动机误接为Y联结 3）笼型转子开焊或断裂 4）定子绕组局部线圈错接 5）电动机过载	1）测量电源电压，设法改善 2）纠正接法 3）检查开焊和断点并修复 4）查出错接处，予以改正 5）减小负载
电动机空载电流不平衡，三相相差较大	1）定子绕组匝间短路 2）重绕时，三相绕组匝数不相等 3）电源电压不平衡 4）定子绕组部分线圈接线错误	1）检修定子绕组，消除短路故障 2）严重时重新绕制定子线圈 3）测量电源电压，设法消除不平衡 4）查出错接处，予以改正
电动机空载或负载时电流表指针不稳，摆动	1）笼型转子导条开焊或断条 2）绕线转子一相断路，或电刷、集电环短路装置接触不良	1）查出断条或开焊处，予以修复 2）检查绕线转子回路并加以修复
电动机过热甚至冒烟	1）电动机过载或频繁起动 2）电源电压过高或过低 3）电动机断相运行 4）定子绕组匝间或相间短路 5）定、转子铁心相擦（扫膛） 6）笼型转子断条，或绕线转子绕组的焊点开焊 7）电动机通风不良 8）定子铁心硅钢片之间绝缘不良或有毛刺	1）减小负载，按规定次数控制起动 2）调整电源电压 3）查出断路处，予以修复 4）检修或更换定子绕组 5）查明原因，消除摩擦 6）查明原因，重新焊好转子绕组 7）检查风扇，疏通风道 8）检修定子铁心，处理铁心绝缘

（续）

故障现象	故障原因	处理方法
电动机运行时响声不正常，有异响	1）定、转子铁心松动 2）定、转子铁心相擦（扫膛） 3）轴承缺油 4）轴承磨损或油内有异物 5）风扇与风罩相擦	1）检修定、转子铁心，重新压紧 2）消除摩擦，必要时车小转子 3）加润滑油 4）更换或清洗轴承 5）重新安装风扇或风罩
电动机在运行中振动较大	1）电动机地脚螺栓松动 2）电动机地基不平或不牢固 3）转子弯曲或不平衡 4）联轴器中心未校正 5）风扇不平衡 6）轴承磨损间隙过大 7）转轴上所带负载机械的转动部分不平衡 8）定子绕组局部短路或接地 9）绕线转子局部短路	1）拧紧地脚螺栓 2）重新加固地基并整平 3）校直转轴并做转子动平衡 4）重新校正，使之符合规定 5）检修风扇，校正平衡 6）检修轴承，必要时更换 7）做静平衡或动平衡试验，调整平衡 8）寻找短路或接地点，进行局部修理或更换绕组 9）修复转子绕组
轴承过热	1）滚动轴承中润滑脂过多 2）润滑脂变质或含杂质 3）轴承与轴颈或端盖配合不当（过紧或过松） 4）轴承盖内孔偏心，与轴相擦 5）传动带张力太紧或联轴器装配不正 6）轴承间隙过大或过小 7）转轴弯曲 8）电动机搁置太久	1）按规定加润滑脂 2）清洗轴承后换洁净润滑脂 3）若过紧，应车、磨轴颈或端盖内孔；若过松，可用粘结剂修复 4）修理轴承盖，消除摩擦 5）适当调整传动带张力，校正联轴器 6）调整间隙或更换新轴承 7）校正转轴或更换转子 8）空载运转，过热时停车，冷却后再走，反复走几次，若仍不行，拆开检修
空载电流偏大（正常空载电流为额定电流的20%～50%）	1）电源电压过高 2）将Y联结错接成△联结 3）修理时绕组内部接线有误，如将串联绕组并联 4）装配质量问题，轴承缺油或损坏，使电动机机械损耗增加 5）检修后定、转子铁心不齐 6）修理时定子绕组线径取得偏小 7）修理时匝数不足或内部极性接错 8）绕组内部有短路、断线或接地故障 9）修理时铁心与电动机不相配	1）若电源电压值超出电网额定值的5%，可向供电部门反映，调节变压器上的分接开关 2）改正接线 3）纠正内部绕组接线 4）拆开检查，重新装配，加润滑油或更换轴承 5）打开端盖检查，并予以调整 6）选用规定的线径重绕 7）按规定匝数重绕绕组，或核对绕组极性 8）查出故障点，处理故障处的绝缘。若无法恢复，则应更换绕组 9）更换成原来的铁心

170

（续）

故障现象	故障原因	处理方法
空载电流偏小（小于额定电流的20%）	1）将△联结错接成丫联结 2）修理时定子绕组线径取得偏小 3）修理时绕组内部接线有误，如将并联绕组串联	1）改正接线 2）选用规定的线径重绕 3）纠正内部绕组接线
丫-△开关起动，丫位置时正常，△位置时电动机停转或三相电流不平衡	1）开关接错，处于△位置时的三相不通 2）处于△位置时开关接触不良，成V联结	1）改正接线 2）将接触不良的接头修好
电动机外壳带电	1）接地电阻不合格或保护接地线断路 2）绕组绝缘损坏 3）接线盒绝缘损坏或灰尘太多 4）绕组受潮	1）测量接地电阻，接地线必须良好，接地应可靠 2）修补绝缘，再经浸漆烘干 3）更换或清扫接线盒 4）干燥处理
绝缘电阻只有数十千欧到数百欧，但绕组良好	1）电动机受潮 2）绕组等处有电刷粉末（绕线转子电动机）、灰尘及油污进入 3）绕组本身绝缘不良	1）干燥处理 2）加强维护，及时除去积存的粉尘及油污，对较脏的电动机可用汽油冲洗，待汽油挥发后，进行浸漆及干燥处理，使其恢复良好的绝缘状态 3）拆开检修，加强绝缘，并作浸漆及干燥处理，无法修理时，重绕组
电刷火花太大	1）电刷牌号或尺寸不符合规定要求 2）集电环或换向器有污垢 3）电刷压力不当 4）电刷在刷握内有卡涩现象 5）集电环或换向器呈椭圆形或有沟槽	1）更换合适的电刷 2）清洗集电环或换向器 3）调整各组电刷压力 4）打磨电刷，使其在刷握内能自由上下移动 5）上车床车光、车圆
电动机轴向窜动	使用滚动轴承的电动机为装配不良	拆下检修，电动机轴向允许窜动量如下 表格见下

拆下检修，电动机轴向允许窜动量如下

容量/kW	轴向允许窜动量/mm	
	向一侧	向两侧
10 及以下	0.50	1.00
10～22	0.75	1.50
30～70	1.00	2.00
75～125	1.50	3.00
125 以上	2.00	4.00

第8章

PLC 和变频器的应用

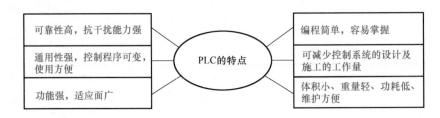

8.1　PLC 的应用

8.1.1　认识可编程序控制器（PLC）

1. 什么是可编程序控制器

可编程序控制器简称 PLC，国际电工委员会（IEC）对 PLC 的定义为：是一种数字运算操作的电子系统，专门在工业环境下应用而设计。它采用可以编制程序的存储器，用来在执行存储逻辑运算和顺序控制、定时、计数和算术运算等操作的指令，并通过数字或模拟的输入（I）和输出（O）接口，控制各种类型的机械设备或生产过程。

2. PLC 的特点

PLC 采用软件来改变控制过程，作为传统继电器的替代产品，广泛应用于工业控制的各个领域。因为 PLC 具有以下特点：

```
┌──────────────────────┐          ┌──────────────────────┐
│ 可靠性高，抗干扰能力强 │          │ 编程简单，容易掌握      │
├──────────────────────┤   ╱PLC的╲  ├──────────────────────┤
│ 通用性强，控制程序可变，│──│ 特点  │──│ 可减少控制系统的设计及 │
│ 使用方便              │   ╲     ╱  │ 施工的工作量           │
├──────────────────────┤          ├──────────────────────┤
│ 功能强，适应面广       │          │ 体积小、重量轻、功耗低、 │
│                      │          │ 维护方便              │
└──────────────────────┘          └──────────────────────┘
```

3. PLC 的一般结构

PLC 的一般结构如图 8-1 所示，各个组成部分的功能说明见表 8-1。

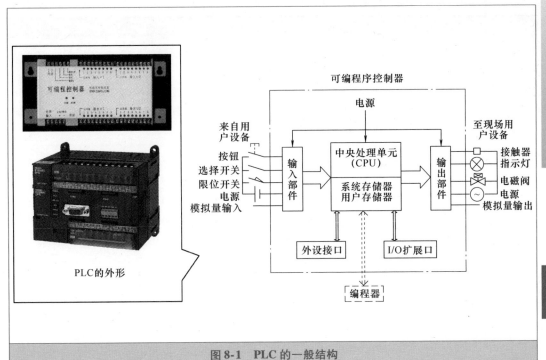

图 8-1　PLC 的一般结构

表 8-1　PLC 各个组成部分功能说明

组 成 部 分		功 能 说 明
CPU		是 PLC 的核心部件，相当于 PLC 的大脑，总是不断地采集输入信号，执行用户程序，刷新系统输出。PLC 所采用的 CPU 主要有以下三种： 1）通用 CPU：小型 PLC 一般使用 8 位 CPU 如 8080/8085、6800 和 Z80 等，大中型 PLC 除使用位片式 CPU 外，大都使用 16 位或 32 位 CPU。近年来不少 PLC 的 CPU 已升级到 INTEL 公司的微处理器产品，有些已采用奔腾（PENTIUM）处理器，如西门子公司的 S7-400。采用通用微处理器的优点是，价格便宜、通用性强，还可借用微机成熟的实时操作系统和丰富的软硬件资源 2）单片 CPU（即单片机）：它具有集成度高、体积小、价格低及可扩展性好等优点。如 INTEL 公司的 8 位 MCS-51 系列运行速度快、可靠性高、体积小，很适合于小型 PLC；16 位 96 系列速度更快、功能更强，适合于大中型 PLC 使用 3）位片式 CPU：它是独立于微型机的一个分支，多为双极型电路，4 位为一片，几个位片级联可组成任意字长的微处理器，代表产品有 AMD2900 系列。PLC 中位片式微处理器的主要作用有两个：一是直接处理一些位指令，从而提高了位指令的处理速度，减少了位指令对字处理器的压力；二是将 PLC 的面向工程技术人员的语言（梯形图、控制系统流程图等）转换成机器语言 模块式 PLC 把 CPU 作为一种模块，备有不同型号供用户选择
存储器	系统程序存储器	用来存放系统管理、用户指令解释及标准程序模块、系统调用等程序，用户不能随意修改，常用 EPROM 构成

组成部分		功能说明
存储器	用户程序存储器	用来存放用户编写的程序，其内容可由**用户任意修改或增删**，常用 RAM 构成，为防止掉电时信息的丢失，有后备电池作保护 PLC 中已提供一定容量的存储器供用户使用，但对有些用户，可能还不够用，因此大部分 PLC 都提供了存储器扩展（EM）功能，用户可以将新增的存储器扩展模板直接插入 CPU 模板中，也有的是插入中央基板中
接口单元		为了实现"人-机"或"机-机"之间的对话，PLC 中配有多种通信接口单元。通过这些通信接口单元，PLC 可以与监视器、打印机、其他 PLC 或计算机相连 输入接口单元用来接收和采集输入信号，可以是按钮、限位开关、接近开关、光电开关等开关量信号，也可以是电位器、测速发电机等提供的模拟量信号 输出接口单元可用来控制接触器、电磁阀、电磁铁、指示灯、报警装置等开关量器件，也可控制变频器等模拟量器件 常用的开关量输入接口按其使用的电源不同有三种类型：**直流输入接口、交流输入接口和交/直流输入接口**
电源		PLC 的供电电源一般为 AC 220V 或 DC 24V。一些小型 PLC 还提供 DC 24V 电源输出，用于外部传感器的供电
编程器		用来生成用户程序，并用它进行检查、修改，对 PLC 进行监控等。编程器有**简易型和智能型**两类。简易型编程器只能联机编程，且往往需要将梯形图转化为机器语言助记符后才能送入，简易编程器一般由简易键盘和发光二极管矩阵或其他显示器件组成。智能编程器又称图形编程器，它可以联机编程，也可以脱机编程，具有 LCD（液晶显示器）或 CRT 图形显示功能，可直接输入梯形图和通过屏幕对话 还可以利用微型计算机（PC）作为编程器，这时微型计算机应配有相应的软件包

4. PLC 的基本工作过程

PLC 一般采用"顺序扫描，不断循环"的方式周期性地进行工作，每个周期分为**输入采样、程序执行和输出刷新**三个阶段。大中型 PLC 的工作过程如图 8-2a 所示，小型 PLC 的工作过程如图 8-2b 所示。

5. PLC 的分类

PLC 产品种类繁多，其规格和性能也各不相同。对 PLC 的分类，通常根据其结构形式的不同、功能的差异和 I/O 点数的多少等进行大致分类。

（1）按结构型式分类

根据 PLC 的结构型式，可分为整体式和模块式两类，见表 8-2。

（2）按功能分类

根据 PLC 所具有的功能不同，可将 PLC 分为低档、中档、高档三类，见表 8-3。

（3）按 I/O 点数分类

根据 PLC 的 I/O 点数的多少，可将 PLC 分为小型、中型和大型三类，见表 8-4。

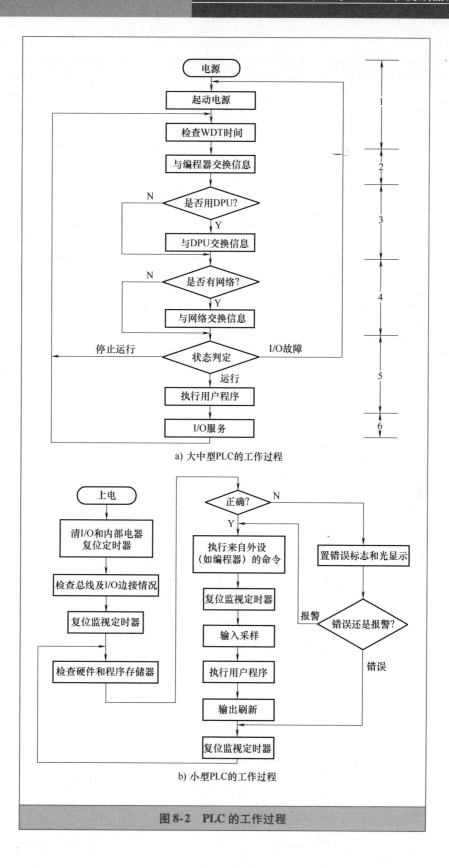

a) 大中型PLC的工作过程

b) 小型PLC的工作过程

图8-2 PLC 的工作过程

表 8-2　PLC 按照结构型式分类

种类	特点	图示
整体式 PLC	整体式 PLC 是将电源、CPU、I/O 接口等部件都集中装在一个机箱内，具有结构紧凑、体积小、价格低的特点。小型 PLC 一般采用这种整体式结构 整体式 PLC 由不同 I/O 点数的基本单元（又称主机）和扩展单元组成。基本单元内有 CPU、I/O 接口、与 I/O 扩展单元相连的扩展口，以及与编程器或 EPROM 写入器相连的接口等。扩展单元内只有 I/O 和电源等，没有 CPU。基本单元和扩展单元之间一般用扁平电缆连接。整体式 PLC 一般还可配备特殊功能单元，如模拟量单元、位置控制单元等，使其功能得以扩展	
模块式 PLC	将 PLC 各组成部分，分别做成若干个单独的模块，如 CPU 模块、I/O 模块、电源模块（有的含在 CPU 模块中）以及各种功能模块 模块式 PLC 由框架或基板和各种模块组成。模块装在框架或基板的插座上。这种模块式 PLC 的特点是配置灵活，可根据需要选配不同规模的系统，而且装配方便，便于扩展和维修。大、中型 PLC 一般采用模块式结构	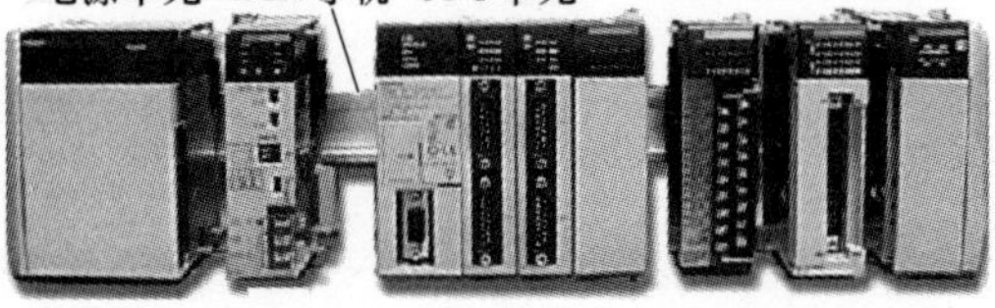 电源单元　DIN导轨　CPU单元

表 8-3　PLC 按照功能分类

种类	特点
低档 PLC	具有逻辑运算、定时、计数、移位以及自诊断、监控等基本功能，还可有少量模拟量输入/输出、算术运算、数据传送和比较、通信等功能。主要用于逻辑控制、顺序控制或少量模拟量控制的单机控制系统
中档 PLC	除具有低档 PLC 的功能外，还具有较强的模拟量输入/输出、算术运算、数据传送和比较、数制转换、远程 I/O、子程序、通信联网等功能。有些还可增设中断控制、PID 控制等功能，适用于复杂控制系统
高档 PLC	除具有中档机的功能外，还增加了带符号算术运算、矩阵运算、位逻辑运算、二次方根运算及其他特殊功能函数的运算、制表及表格传送等功能。高档 PLC 机具有更强的通信联网功能，可用于大规模过程控制或构成分布式网络控制系统，实现工厂自动化

表 8-4　PLC 按 I/O 点数分类

种　类	特　点
小型 PLC	I/O 点数为 256 点以下的为小型 PLC。其中，I/O 点数小于 64 点的为超小型或微型 PLC
中型 PLC	I/O 点数为 256 点以上、2048 点以下的为中型 PLC
大型 PLC	I/O 点数为 2048 以上的为大型 PLC。其中，I/O 点数超过 8192 点的为超大型 PLC

6. PLC 的主要技术指标（见表 8-5）

表 8-5　PLC 的主要技术指标

技术指标	说　明
存储容量	PLC 的存储容量通常指用户程序存储器和数据存储器容量之和，表征系统提供给用户的可用资源，是系统性能的重要技术指标
I/O 点数	输入/输出（I/O）点数是 PLC 可以接受的输入信号和输出信号的总和，是衡量 PLC 性能的重要指标。I/O 点数越多，外部可接的输入设备和输出设备就越多，控制规模就越大
扫描速度	扫描速度是指 PLC 执行用户程序的速度，一般以扫描 1KB 的用户程序所需时间来表示，通常以 ms/KB 为单位。PLC 用户手册一般给出执行各条指令所用的时间，可以通过比较各种 PLC 执行相同操作所用的时间来衡量扫描速度的快慢 影响扫描速度的主要因素有用户程序的长度和 PLC 产品的类型。CPU 的类型、机器字长等直接影响 PLC 运算精度和运行速度
指令系统	指令系统是指 PLC 所有指令的总和。PLC 具有基本指令和功能指令。指令的种类、数量也是衡量 PLC 性能的重要指标。PLC 的编程指令越多，软件功能越强，其处理能力和控制能力也越强，用户的编程越简单、方便，越容易完成复杂的控制任务
通信功能	通信分 PLC 之间的通信和 PLC 与其他设备之间的通信两类。通信主要涉及通信模块、通信接口、通信协议和通信指令等内容。PLC 的组网和通信能力也是 PLC 技术水平的重要衡量指标之一
内部元器件的种类与数量	在编制 PLC 程序时，需要用到大量的内部元器件来存放变量、中间结果、保持数据、定时计数、模块设置和各种标志位等信息，这些元器件的种类与数量越多，表示 PLC 的存储和处理各种信息的能力越强
特殊功能单元	特殊功能单元种类的多少与功能的强弱是衡量 PLC 产品的重要指标之一。近年来各 PLC 厂商非常重视特殊功能单元的开发，特殊功能单元种类日益增多、功能日益增强，控制功能日益扩大
可扩展能力	PLC 的可扩展能力包括 I/O 点数的扩展、存储容量的扩展、联网功能的扩展和各种功能模块的扩展等。在选择 PLC 时，需要考虑 PLC 的可扩展能力

【重要提醒】

PLC 厂家的产品手册上还有负载能力、外形尺寸、重量、保护等级，适用的安装和使用环境（如温度、湿度等的性能指标）等参数，供用户参考。

7. PLC 的应用

目前，PLC 已广泛应用冶金、石油、化工、建材、机械制造、电力、汽车、轻工、环保及文化娱乐等各行各业，随着 PLC 性能价格比的不断提高，其应用领域不断扩大。PLC

177

的应用见表8-6。

表8-6 PLC的应用

应用分类	说明
开关量控制	利用PLC最基本的逻辑运算、定时、计数等功能实现逻辑控制，可以取代传统的继电器控制，用于单机控制、多机群控制、生产自动线控制等，例如，机床、注塑机、印刷机械、装配生产线、电镀流水线及电梯的控制等。这是PLC最基本的应用，也是PLC最广泛的应用领域
运动控制	大多数PLC都有拖动步进电动机或伺服电动机的单轴或多轴位置控制模块。这一功能广泛用于各种机械设备，如对各种机床、装配机械、机器人等进行运动控制
过程控制	大、中型PLC都具有多路模拟量I/O模块和PID控制功能，有的小型PLC也具有模拟量输入输出。以PLC不仅可实现模拟量控制，而且具有PID控制功能的PLC可构成闭环控制，用于过程控制。例如对温度、速度、压力、流量、液位等连续变化的模拟量控制
数据处理	PLC都具有四则运算、数据传送、转换、排序和比较等功能，可对生产过程中的进行数据采集、分析和处理，同时可通过通信接口将这些数据传送给其他智能装置，如计算机数值控制（CNC）设备，进行处理
通信	PLC的通信包括PLC与PLC、PLC与上位计算机、PLC与其他智能设备之间的通信，PLC系统与通用计算机可直接或通过通信处理单元、通信转换单元相连构成网络，以实现信息的交换，并可构成集散控制系统（集中管理、分散控制系统），满足工厂自动化（FA）系统发展的需要

8.1.2 PLC的选择与安装

1. PLC的选择

随着PLC的推广普及，PLC产品已有几十个系列，上百种型号。其结构型式、性能、容量、指令系统，编程方法、价格等各有不同，适用的场合也各有侧重。合理选择PLC产品，对于提高PLC控制系统的技术经济指标起着重要作用。

一般来说，PLC的选择应根据生产实际的需要，综合考虑机型、容量、输入输出模块、电源模块等多种因素来选择。具体来说，应注意以下几点：

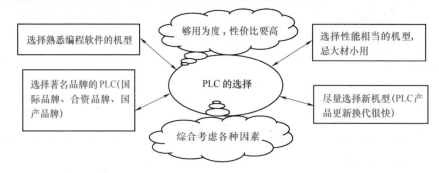

2. PLC安装环境的选择

虽然PLC可以适用于大多数工业现场，但它对使用场合、环境温度等还是有一定的要求。在安装PLC时，要避开下列场所：

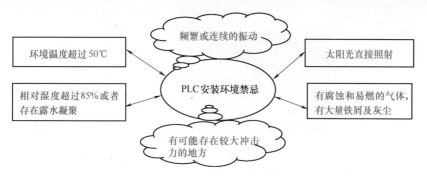

3. PLC 的安装

不同类型的 PLC 有不同的安装规范，如 CPU 与电源的安装位置、机架间的距离、接口模块的安装位置、I/O 模块量、机架与安装部分的连接电阻等都有明确的要求，安装时必须按所用产品的安装要求进行。

小型 PLC 有以下两种安装方法。

1）用螺钉固定，不同的单元有不同的安装尺寸，如图 8-3a 所示。

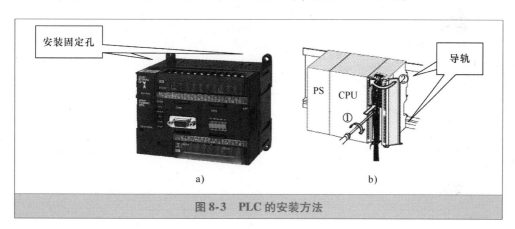

图 8-3　PLC 的安装方法

2）DIN（德国共和标准）轨道固定，如图 8-3b 所示。DIN 轨道配套使用的安装夹板，左右（或者上下）各一对。在轨道上，先装好左右夹板，装上 PLC，然后拧紧螺钉。

【知识窗】

PLC 安装须知：

1）为了使控制系统工作可靠，通常把 PLC 安装在有保护外壳的控制柜中，以防止灰尘、油污、水溅，如图 8-4 所示。

2）为了保证 PLC 在工作状态下其温度保持在规定环境温度范围内，安装机器应有足够的通风空间，基本单元和扩展单元之间要有 30mm 以上间隔。如果周围环境超过 55℃，要安装电风扇来强迫通风。

3）为了避免其他外围设备的电干扰，PLC 应尽可能远离高压电源线和高压设备，PLC 与高压设备和电源线之间应留出至少 200mm 的距离。

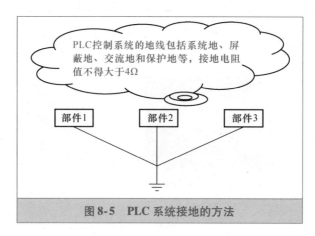

图 8-4　PLC 安装在控制柜中

4）当 PLC 垂直安装时，要严防导线头、铁屑等从通风窗掉入 PLC 内部，造成印制电路板短路，使其不能正常工作甚至永久损坏。

5）良好的接地是保证 PLC 可靠工作的重要条件，可以避免偶然发生的电压冲击危害。接地的目的通常有两个，其一为了安全，其二是为了抑制干扰。完善的接地系统是 PLC 控制系统抗电磁干扰的重要措施之一，如图 8-5 所示为正确的接地方法，禁忌采用串联接地方式。

> PLC控制系统的地线包括系统地、屏蔽地、交流地和保护地等，接地电阻值不得大于4Ω

部件1　　部件2　　部件3

图 8-5　PLC 系统接地的方法

8.1.3　PLC 的使用与维护

1. PLC 的使用

PLC 的使用主要有两个方面：一是硬件设置（包括接线等）；二是软件设置。

（1）硬件设置

下面以欧姆龙相关产品为例，介绍 PLC 的硬件设置步骤及方法，见表 8-7。

表 8-7　硬件设置步骤及方法

步骤	方　　法	图　　示
1	设置面板上的操作模式	将SW1设置成OFF 转到普通模式

（续）

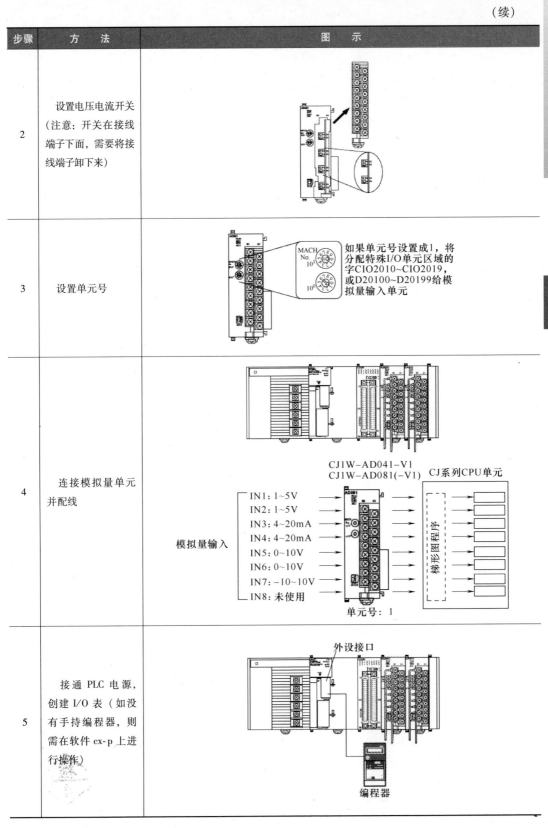

步骤	方　法	图　示
2	设置电压电流开关（注意：开关在接线端子下面，需要将接线端子卸下来）	
3	设置单元号	MACH No. 10¹ 10⁰　如果单元号设置成1，将分配特殊I/O单元区域的字CIO2010~CIO2019，或D20100~D20199给模拟量输入单元
4	连接模拟量单元并配线	CJ1W-AD041-V1 CJ1W-AD081(-V1)　CJ系列CPU单元 模拟量输入　IN1：1~5V　IN2：1~5V　IN3：4~20mA　IN4：4~20mA　IN5：0~10V　IN6：0~10V　IN7：-10~10V　IN8：未使用　梯形图程序　单元号：1
5	接通 PLC 电源，创建 I/O 表（如没有手持编程器，则需在软件 cx-p 上进行操作）	外设接口　编程器

（2）软件设置

PLC 的启动设置、看门狗、中断设置、通信设置、I/O 模块地址识别都是在 PLC 的系统软件中进行的。一般来说，在软件设置前，首先必须安装 PLC 厂家的提供的软件包，包括 PLC 设置的所有工具，例如编程、网络、模拟仿真等工具。接下来按照软件画面提示的步骤及方法，一步一步地进行软件设置。

不同品牌的 PLC，其软件设置方法有所不同，操作者应按照厂家提供的操作说明进行软件设置。

每种 PLC 都有各自的编程软件作为应用程序的编程工具，常用的编程语言是梯形图语言，也有 ST、IL 和其他的语言。每一种 PLC 的编程语言都有自己的特色，指令的设计与编排思路都不一样。

各个 PLC 的编程语言的指令设计、界面设计都不一样，不存在孰优孰劣的问题，主要是风格不同。我们不能武断地说三菱 PLC 的编程语言不如西门子的 STEP7，也不能说 STEP7 比 ROCKWELL 的 RSLOGIX 要好，所谓的好与不好，其实与我们已经形成的编程习惯与编程语言的设计风格是否适用的问题。

【重要提醒】

程序简洁不仅可以节约内存，出错的概率也会小很多，程序的执行速度也快很多，而且今后对程序进行修改和升级也容易很多。例如，对于同样一款 PLC 的同样一个程序的设计，如果编程工程师对指令不熟悉，编程技巧也差的话，可能需要 1000 条语句；但一个编程技巧高超的工程师，可能只需要 200 条语句就可以实现同样的功能。

虽然所有的 PLC 的梯形图逻辑都大同小异，我们只要熟悉了一种 PLC 的编程，再学习第二个品牌的 PLC 就可以很快上手。但是，我们在使用一个新的 PLC 的时候，还是应仔细将新的 PLC 的编程手册认真看一遍，看看指令的特别之处，尤其是自己可能要用到的指令，并考虑如何利用这些特别的方式来优化自己的程序。

2. PLC 的日常维护

1）若输出接点电流较大或 ON/OFF 频繁者，要注意检查接点的使用寿命，有问题及时更换。

2）PLC 使用于振动机械上时，要注意端子的松动现象。

3）注意 PLC 的外围温度、湿度及粉尘。

4）锂电池寿命约 5 年，若锂电池电压太低，面板上 BATT. low 灯会亮，此时程序尚可保持一月以上。

【重要提醒】

更换锂电池的步骤如下：

1）断开 PLC 的供电电源，若 PLC 的电源已经是断开的，则需先接通至少 10s 后，再断开。

2）打开 CPU 盖板（视不同厂家的产品，其打开方式不同，应参照其说明书，以免损坏设备）。

3）在 2min 内（当然越快越好），从支架上取下旧电池，并装上新电池，如图 8-6 所示。

4）重新装好 CPU 盖板。

5）用编程器清除 ALARM。

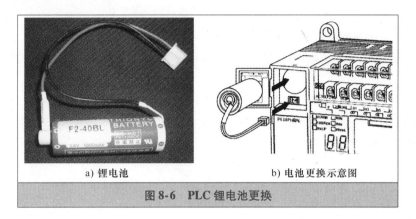

a) 锂电池　　　　　　　　　b) 电池更换示意图

图 8-6　PLC 锂电池更换

183

【知识窗】

梯形图画图方法：

梯形图是一种以图形符号及图形符号在图中的相互关系表示控制关系的编程语言，它是从继电-接触器控制电路图演变过来的。梯形图中沿用了继电-接触器线路的一些图形符号，这些图形符号被称为编程元件，每一个编程元件对应地有一个编号。不同厂家的 PLC 编程元件的多少，符号和编号方法不尽相同，但基本的元件及功能相差不大。

（1）触点的画法

在绘制梯形图时，触点可以串联或并联；线圈可以并联，但不可以串联。触点和线圈连接时，触点在左，线圈在右；线圈的右边不能有触点，触点的左边不能有线圈。

垂直分支不能包含触点，触点只能画在水平线上。

如图 8-7a 所示，触点 C 被画在垂直路径上，难以识别它与其他触点的关系，也难以确定通过 C 触点的能流方向，因此无法编程。可按梯形图设计规则将 C 触点改画于水平分支，如图 8-7b 所示。

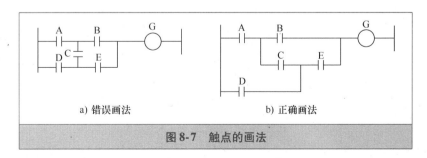

a) 错误画法　　　　　　　　　b) 正确画法

图 8-7　触点的画法

（2）分支线的画法

水平分支必须包含触点，不包含触点的分支应置于垂直方向，以便于识别节点的组合和对输出线圈的控制路径，如图 8-8 所示。

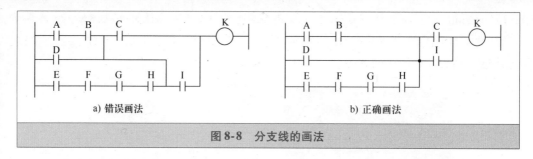

图8-8　分支线的画法

（3）梯形图中分支的安排

每个"梯级"中的并行支路（水平分支）的最上一条并联支路与输出线圈或其他线圈平齐绘制，如图8-9所示。

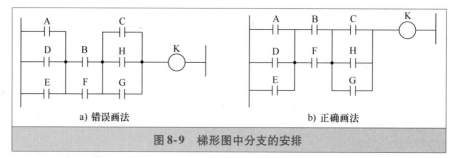

图8-9　梯形图中分支的安排

（4）触点数量的优化

因PLC内部继电器的触点数量不受限制，也无触点的接触损耗问题，因此在程序设计时，以编程方便为主，不一定要求触点数量为最少。例如图8-10a和b在不改变原梯形图功能的情况下，两个图之间就可以相互转换，这大大简化了编程。显然，图8-10a中的梯形图所用语句比图8-10b中的要多。

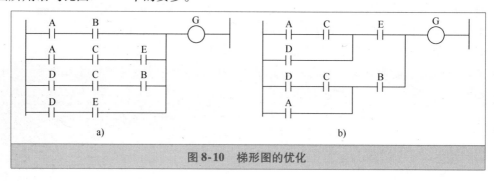

图8-10　梯形图的优化

8.2　变频器的应用

8.2.1　认识变频器

1. 变频器调速的优点

变频器是把工频电源（50Hz或60Hz）变换成各种频率的交流电源，以实现电动机变速运行的设备，它可与三相交流电动机、减速机构（视需要）构成完整的传动系统。

在交流调速技术中，变频调速具有绝对优势，特别是节电效果明显，而且易于实现过程自动化，深受工业行业的青睐。

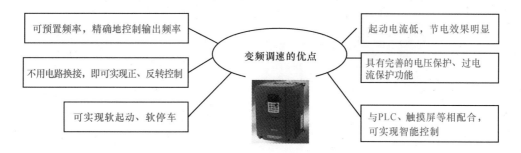

2. 变频器的种类

市场上变频器的种类很多（见表 8-8），弄清楚变频器的分类，是正确选择和使用变频器的前提。

表 8-8　变频器的种类

序　号	分类依据	种　类
1	依据变频原理分	交-交变频器，交-直-交变频器
2	依据控制方式分	压频比控制变频器，转差频率控制变频器，矢量控制变频器，直接转矩控制变频器
3	依据用途分	通用变频器，专用变频器

【重要提醒】

交直交电压型变频器因结构简单、功率因素高，目前被广泛使用。

3. 通用变频器的基本结构

虽然变频器的种类很多，其结构各有所长，但大多数通用变频器都具有如图 8-11 所示的基本结构，它们的主要区别是控制软件、控制电路和检测电路实现的方法及控制算法等不同。

8.2.2　变频器的选型

1. 选用变频器的原则

正确选择通用变频器对于控制系统的正常运行是非常关键的，要准确选型，必须要把握以下几个原则：

1）根据控制对象性能要求选择变频器：一般来讲，如对起动转矩、调速精度、调速范围要求较高的场合，则需考虑选用矢量变频器，否则选用通用变频器即可。

2）根据负载特性选择变频器：一般将生产机械分为三种类型，即恒转矩负载、恒功率负载和风机、水泵负载。

186

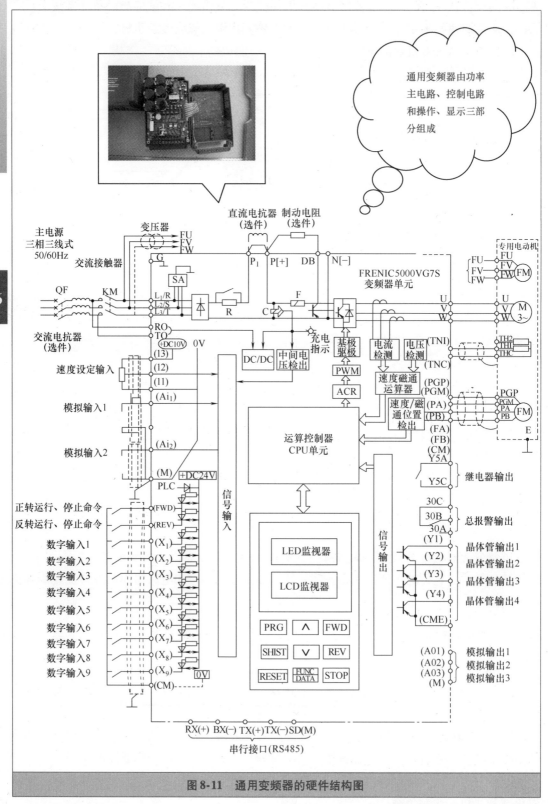

图8-11 通用变频器的硬件结构图

3）根据所用电动机的铭牌参数（额定电压、额定电流）选择变频器：如果变频器的额定电流小于适配电动机的额定电流，则按适配电动机的额定电流来选择变频器的额定电流。

2. 变频器的容量选定方法

变频器的容量通常以千伏安（kVA）值表示，同时也标明它所适配的电动机功率。变频器容量选定由很多因素决定，比较简便的方法有以下三种：

（1）电动机实际功率确定法

首先测定电动机的实际功率，以此来选用变频器的容量。

（2）公式法

设安全系数取 1.05，则变频器的容量 P_b（kW）为

$$P_b = 1.05 P_m / h_m \times \cos\varphi$$

式中，P_m 为电动机负载；h_m 为电动机功率；$\cos\varphi$ 为功率因数。

计算出 P_b 后，按变频器产品目录选具体规格。

【重要提醒】

当一台变频器用于多台电动机时，至少要考虑一台电动机起动电流的影响，以避免变频器过电流跳闸。

（3）电动机额定电流法

最常见、也较安全的做法是使变频器的容量略大于或等于电动机的额定功率，避免选用的变频器容量过大，使投资增大。对于轻负载类，变频器电流一般应按 $1.1I_N$（I_N 为电动机额定电流）来选择，或按厂家在产品中标明的与变频器的输出功率额定值相配套的最大电动机功率来选择。

【重要提醒】

考虑变频器运行的经济性和安全性，变频器选型时保留适当的余量是必要的。

8.2.3 变频器周边设备的选配

1. 变频器的主要选配件

变频器的主要选配件如图 8-12 所示。该图是一个示意图，它以变频器为中心，给出了所有类型的周边设备，在实际应用过程中，用户可以根据需要进行选择。

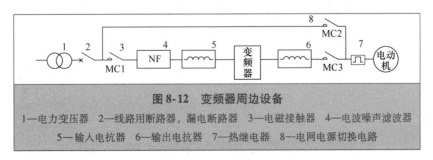

图 8-12 变频器周边设备

1—电力变压器 2—线路用断路器，漏电断路器 3—电磁接触器 4—电波噪声滤波器
5—输入电抗器 6—输出电抗器 7—热继电器 8—电网电源切换电路

变频器周边设备的选配见表8-9。

表8-9 变频器周边设备的选配

设备名称	功　能	选配要点
电力变压器	将电网电压转换为变频器所需的电压	一般选用原来使用的电力变压器
断路器、漏电断路器	1）电源的开闭 2）防止发生过载和短路时的大电流烧毁设备	一般不需要专门设置线路用断路器。如选用线路用断路器时，需要考虑的因素有，额定电流、动作特性和额定断路电流
电磁接触器	1）当变频器跳闸时将变频器从电源切断 2）使用制动电阻器的情况下发生短路时将变频器从电源中切断	电磁接触器的额定电流应大于变频器的输入电流值
电波噪声滤波器	降低变频器传至电源一侧的噪声	电波噪声滤波器可分为广域用和简易形两种。前者有降低整个 AM 频带的电波噪声的作用，而后者则被用于特定的频带。用户可以根据需要进行选择
输入电抗器	1）与电源的匹配 2）改善功率因数 3）降低谐波对其他设备的影响	变频器到电动机线路超过 50m 时，要选用交流输出电抗器 在选择电抗器的容量时，应使在额定电压和额定电流的条件下，电抗器上的电压降在 2% ~ 5% 的范围内，即 $$L = \frac{(2\% \sim 5\%)U}{2\pi f I}$$ 式中，U—额定电压（V） I—额定电流（A） f—最大频率（Hz）
输出电抗器	降低电动机的电磁噪声	
热继电器	1）使用一台变频器驱动多台电动机时，对电动机进行过载保护 2）对不能用变频器的电子热保护功能进行保护的电动机，进行热保护	1）电动机容量在正常适用范围以外时，为了给电动机提供可靠的保护，应该设置热继电器。如果变频器的电子热保护设定值可以在所需范围内进行调节，则可以省略热继电器 2）用一台变频器驱动多台电动机时，为了给电动机提供可靠保护，应为每台电动机设置热继电器
制动电阻	当电动机减速时，电动机处于发电状态，制动电阻就负责消耗掉电动机发电送回变频器的多余电能，防止变频器里的母线电压过高而跳保护 制动电阻包括电阻阻值和功率容量两个重要的参数	以下情况一般要选用制动单元和制动电阻：提升负载频繁快速加减速；大惯量（自由停车需要 1min 以上），恒速运行电流小于加速电流的设备 制动电阻的电阻值可通过公式进行计算，最好是在变频器使用说明书中查找 通常在工程上选用较多的是波纹电阻和铝合金电阻两种
电网电源切换电路	1）以电网电源频率运行时起节能作用 2）变频器发生故障时的备用手段	选配额定容量的转换开关，配合切换电路来完成电源切换的任务

188

【重要提醒】

在进行变频器驱动系统设计时，还应该考虑到在主电路部分使用的动力电线和在控制电路部分使用的控制电线的线径。虽然这些电线不能称为设备，但它们也是为了保证系统能够正常工作而必不可少的部分。

2. 变频器连接线的选配

（1）主电路用导线

一般来说，在选择主电路电线的线径时，应保证变频器与电动机之间的线路电压降在 2%~3% 以内。在配线距离较长的场合，为了减少低速运行区域的压降（将造成电动机转矩不足），应使用线径较大的电线。当电线线径较大而无法在电动机和变频器的接线端上直接连线时，可按照如图 8-13 所示设一个中继端子。

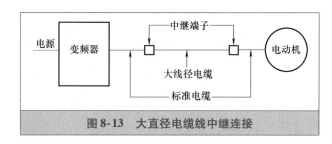

图 8-13　大直径电缆线中继连接

（2）控制电路用导线

与控制电源本身以及和外部供电电源有关的电路应选用截面积在 $2mm^2$ 以上的电线，操作电路以及信号电路选用截面积在 $0.75mm^2$ 以上的电线即可。此外，电源电路以外的连线应选用屏蔽线或双绞屏蔽线。

8.2.4　变频器的日常维护

1. 常规检查项目

变频器常规检查的项目、具体内容和检查周期见表 8-10。

表 8-10　变频器常规检查项目

范　　围	检查项目	明　细　内　容	正常	一年	二年
				检查周期	
			正常	定期	
装置本体	周围环境	温度、湿度、灰尘、有害气体是否符合使用要求	○		
	装置	有无异常振动、异常声音、冒烟	○		
	电源电压	主电路输入电压、控制电压是否正常	○		
主电路	粗检	绝缘电阻检查（主电路端子与接地端子之间）			○
		紧固件是否有松动		○	
		元件有无过热现象		○	
		清拭		○	

（续）

范　围	检查项目	明细内容	检查周期		
			正常	定期	
				一年	二年
主电路	母线、软导线与接插件	母线是否变形（受电动力）		○	
		导线有无受损或过热变色甚至烧毁		○	
		接插件是否完好，接插弹力是否正常		○	
	变压器、电抗器	是否有绝缘物（尼龙支架、绝缘清漆等）过热烧焦的异味	○		
		铁心是否有异声	○		
	端子板	有无损伤		○	
	电解电容器	有无液体渗漏	○		
		安全塞是否顶出，端部有否膨胀鼓出	○		
		电容量测定		○	
		按工作电压耐压试验		○	
	接触器、继电器	吸合时有无异声	○		
		触头接触是否良好		○	
		线圈电阻检查		○	
	电阻（包括制动电阻）	绝缘层有无裂纹		○	
		阻值有无变化，有否开路		○	
控制电路与保护电路	元器件检查	控制板电阻表层有无裂纹或变色	○		
		电解电容器有无漏液或膨胀鼓出	○		
		驱动电路晶体管、IC 电路、电阻、电容等有无异常或开裂	○		
	印制电路板	基板及铜箔走线有无烧损	○		
		电路板表面清洁程度	○		
	工作状态检查	检查三相输出电压是否对称	○		
		进行保护动作试验（视条件而定）		○	
冷却系统	冷却风扇与散热器	风扇应运转，无异常振动或异常声音	○		
		散热器通风道内无堵塞	○		
		风扇网或空气过滤器是否应清扫	○		

2. 易损件的更换周期

变频器即使在正常的工作环境下，内部元器件也存在**老化、寿命**的问题。表 8-11 为变频器易损件的标准更换周期。

表 8-11　变频器易损件及周期

名　称	标准更换周期	方　法	名　称	标准更换周期	方　法
冷却风机	3 万~4 万 h	换新	控制板	按情况而定	换新
主电路电解电容器	5 万~6 万 h	换新	接触器	按情况而定	换新
快速熔断器	10 年	换新			

【重要提醒】

实际上，在良好的应用环境下，变频器的上述部件的使用寿命都比标准的更换周期要长（包括电解电容器）。与此相反，变频器在恶劣的环境下的使用寿命比标准更换周期大大缩短，例如导印制电路板（PCB）潮湿，或连续在高温下运行等。数据表明，变频器在额定环境温度 40℃ 以上连续运行，**每升高 10℃，寿命将缩短一半。**

8.2.5　变频器常见故障的处理

1. 开关电源故障的处理

变频器的控制电源，大都由开关电源所提供。开关电源就是由电路控制开关管进行高速导通与截止，将直流电转化为高频率的交流电，再通过变压器进行变压隔离，产生不同的多组交流电压，然后经整流、滤波变换为变频器控制所需的直流电压。

开关电源通常为自励式 DC/DC，一次绕组电压取自中间直流环节电压，二次绕组（多组）分别提供给主控板（+5V）、驱动板（±15V，4 路）和 I/O 电路（+24V）等，具体由变频器的电路设计而定。

面板有无显示，在很多情况下是由于开关电源的故障所造成的。开关电源故障原因及处理方法见表 8-12。

表 8-12　开关电源故障原因及处理方法

故障现象	故障原因	处理方法
开关电源不工作	1）变频器直流母线无电压，开关电源并无损坏	1）除非开关电源电路中的元器件已明显损坏，一般应先检查变频器充电指示灯是否点亮，直流母线电压值是否正常，充电电阻是否损坏等，以免判断失误
	2）开关电源损坏，其中输入过电压所造成的损坏最为常见。由于过电压引起开关管击穿，起振电路电阻开路，造成电路停振。其他原因如变压器匝间短路、PWM 控制电路的芯片损坏等均会造成开关电源停止工作	2）更换已损坏的元器件
	3）控制电源发生短路，开关电源因保护动作停止工作	3）更换已损坏的元器件
开关电源工作异	常见情况是一路或多路输出电压纹波大，直流电压值偏低，使得变频器不能正常工作	重点检查滤波电容器有无"胖顶"鼓出，可用电容表或万用表测量其实际的电容值。当需要更换电容器时，应选用相同规格完好的电容器，焊接时注意正负极不要搞错

2. 整流桥故障的处理

整流桥故障现象有两个各方面的表现：一是整流模块中的整流二极管一个或多个损坏而开路，导致主电路直流电压下降，变频器输入断相或直流低电压保护动作报警；二是整流模块中的整流二极管一个或多个损坏而短路，导致变频器输入电源短路，供电电源跳闸，变频器无法上电。

整流桥的故障原因见表 8-13。

表 8-13　整流桥的故障原因及分析

故 障 原 因	故 障 分 析
因过电流而烧毁	直流母线内部放电短路、电容器击穿短路或逆变桥短路而引起整流模块烧毁，原因是当整流模块在瞬间流过短路电流后，在母线上会产生很高的电压和很大的电动力，继而在母线电场最不均匀且耐压强度最薄弱的地方产生放电，引起新的相间或对壳放电短路。这种现象在裸露母线结构或母线集成在印制电路板的变频器中经常发生
因过电压而击穿	通常是由于电网电压浪涌引起，这个过电压会造成整流模块的击穿损坏；还有电动机再生所引起的直流过电压，或使用了制动单元但制动放电功能失效（例如制动单元损坏、放电电阻损坏），整流模块均有可能因电压击穿而损坏。输入电路中阻容吸收或压敏电阻有元件损坏，对于经常性出现电网浪涌电压或是由自备发电机供电的地方，整流模块容易受到损坏
晶闸管异常	采用三相半控整流的晶闸管整流模块，当模块出现异常情况时，除了检查模块好坏外，还应检查控制板触发脉冲是否正常；带开机限流晶闸管的整流模块，当模块的晶闸管不能正常工作时，除了检查晶闸管好坏外，还要检查脉冲控制信号是否正常

3. 直流母线故障的处理

直流母线的故障现象及故障原因分析见表 8-14。

表 8-14　直流母线故障现象及原因分析

故 障 现 象	故 障 原 因
变频器直流母线电压偏低乃至变频器直流低电压报警	交流输入断相或整流桥有二极管损坏，整流桥输出的直流电压低于正常值，造成变频器输出电压偏低，通常变频器会输出直流低电压报警或电源断相（变频器通过计算脉波数）报警信号
滤波电容器短路，输入回路接触器跳闸，变频器无法开机	滤波电容器老化，容量下降，造成带载情况下变频器输出电压偏低。滤波电容器因直流母线过电压击穿，或因均压电阻有一开路，引起与之连接的电容器两端电压升高，超过额定电压值而损坏
充电限流电阻开路，变频器无法开机	充电接触器接点烧损，造成接触不良甚至开路，负载电流流过充电电阻，引起变频器直流母线电压降低，变频器低电压报警。充电限流电阻损坏，变频器上电后直流母线电压为零，开关电源无法工作，因而变频器不能正常开机

4. 逆变桥故障的处理

逆变桥故障是变频器发生最多的故障之一。

（1）逆变桥故障现象

1）逆变桥的一臂模块击穿或炸裂。

2）逆变桥的不同臂模块两个或以上击穿或炸裂。

3）输出断相，三相电压不对称。

4）无电压输出。

（2）逆变桥故障原因

1）一路逆变模块的控制极损坏或无触发信号，引起输出电压断相，三相电压压不对称。

2）IGBT 门极开路或驱动电路引起的脉冲异常（如上下桥臂中有一臂的晶体管始终被开通）而造成臂内贯穿短路。

3）欠驱动。由于驱动电路工作异常或开关电源工作异常，触发脉冲幅值过低，脉冲沿坏，而造成开关管管电压降过高，发热而损坏。

4）缓冲电路元器件损坏或在没有制动斩波器的情况下，不适当的快速降频而造成直流过电压，造成模块电压击穿而损坏。

5）变频器输出发生短路后，变频器的短路保护不能有效动作，快速切除短路电流。

6）模块长期在极低频率下工作（如 1Hz 以下），此时模块内部管芯的结温容易高于 125℃，致使模块加速老化而损坏。

7）逆变器的冷却通风不良，造成模块长期过热，加速了模块的老化。

8）接线错误（如将电网电源接至变频器的输出）。

5. 驱动电路故障

驱动电路的故障现象及故障原因分析见表 8-15。

表 8-15　驱动电路的故障现象及故障原因

故障现象	故障原因
控制板驱动电路有元器件损坏	驱动电路故障往往是因为逆变模块的损坏造成电路元器件被损坏而引起的。被损元器件中多为驱动晶体管、保护稳压管、光耦等。有相当一部分变频器的驱动电路做成厚膜电路，所以驱动电路的故障，有时往往可以被认为是厚膜电路的故障
模块完好，但三相输出断相	驱动异常，包括开关电源所提供的电源异常、滤波电容器失效等

6. CPU 主板故障的处理

仅仅是因为 CPU 的故障，在变频器所发生的总的故障中，只占很小的比例，但当发现光耦输入端六路脉冲其中一路或几路异常或程序显示异常时，就应怀疑 CPU 板有故障了。故障的原因可能是 CPU 损坏、E^2ROM 损坏、芯片组的其他 IC 电路或光耦损坏。对于使用 EPROM 的变频器，EPROM 和晶体振荡器的损坏也会引起 CPU 板的故障发生。

CPU 板故障的发生往往与使用环境不良有关，例如 PCB 板积灰、受潮，供电电源的异常等都会引起 CPU 工作不正常。对于内部信号闭环控制的变频器，如矢量控制、直接转矩控制变频器等，由于硬件的变化有时会引起内部环路自励而产生失控的现象，例如在端口无命令信号的情况下，出现有频率输出的情况。

检查出 CPU 发生故障，甚至能确定某个口线损坏时，用户往往无法进行修复，通常只能连主板一起更换。

7. I/O 电路故障的处理

对于输入输出信号回路而言，I/O 故障比较多发生在光耦器件和比较器电路的异常或损坏上。光耦器件的损坏不少是由于人为损坏而造成，例如将数字端口误接至电源，致使端口损坏失效。而比较器工作异常则往往是由于供电电源以及硬件电路参数发生改变而引起的。与I/O电路相关的比较器以及来自传感器的信号，一旦发生异常往往会被认为是I/O故障，例如过电压、过电流、过热等信息的误动作。对于上述这种情况，在判定传感器正常的前提下，就可以确定是该部分的电路中有故障存在。在大多数情况下是可以修复的。

8. 监控键盘故障的处理

监控键盘故障较多的现象是变频器上电后，键盘可能有显示（说明供电电源正常），但对其操作无效。快速的判断方法是用一个好的键盘来试验，即可确定该键盘是否存在故障。

对于轻触键的故障可以通过打开外盖清洗内部接触点来排除；由于导电橡胶引起接触不良的故障，可以通过更换键膜或使用专用导电胶进行修补来解决。

9. 接插件故障的处理

运行中发生故障的变频器，接插件常常因为电路的短路、放电而被烧损，损坏的接插件原则上应予更换。因环境不良引起接触件氧化、插拔用力不当、在卡子锁紧状态下硬拔或拉住导线施力等，都容易造成接插件的损坏。

接插件在变频器中起到很重要的作用，任何接触不良都会引起脉冲信号失常。特别是功率较大的驱动回路中，接插件往往流过较大的驱动电流，接触电阻增大就意味着驱动能力的下降和开关导通饱和电压降的升高，最终有可能造成功率模块损坏。对于IGBT变频器来说，功率模块的驱动回路如接插件接触不良而造成控制极开路的话，将造成逆变桥短路乃至变频器损坏，这将是十分严重的后果。

10. 传感器故障的处理

（1）电流传感器故障

变频器对电流的检测在技术上有很高的要求，通常采用磁补偿原理制造的电流传感器，它由一次电路、二次线圈、磁环、位于磁环气隙中的霍尔传感器和放大电路等组成。工作原理是磁场平衡，这种电流传感器所出现的故障，可以归结如下：

1）供电电源异常：正、负电源值不对称；正或负电源缺失等。

2）放大器故障：现象为输出异常，零电流情况下，有输出。

3）取样回路异常：例如取样电阻损坏等。

（2）电压检测电路故障

1）分压电阻开路或烧损：通常分压电阻由多个串联而成，其中任何一个电阻开路都会引起电压检测回路的异常。

2）测量回路异常：通常是比较器IC损坏。

（3）温度传感器故障

温度传感器故障的现象大多数为无故超温报警。通常由温度传感器故障引起：

1）热敏电阻感温元件变值。

2）温度开关不能准确动作。

参 考 文 献

［1］杨清德. 电工操作口诀宝典［M］. 北京：机械工业出版社，2013.

［2］杨清德. 电工常用数据宝典［M］. 北京：机械工业出版社，2014.

［3］杨清德. 电气元器件宝典［M］. 北京：机械工业出版社，2014.

［4］杨清德. 电工作业禁忌宝典［M］. 北京：机械工业出版社，2014.

［5］杨清德. 手把手之电工入门［M］. 北京：电子工业出版社，2013.

［6］杨清德. 学会电工技术就这么容易［M］. 北京：化学工业出版社，2013.

［7］杨清德. 电工技能400问［M］. 北京：科学出版社，2013.

［8］杨清德. 电工基础技能直通车［M］. 北京：电子工业出版社，2011.